大是文化 GAFAも学ぶ！最先端のテック企業はいま何をしているのか

GAFA都怕的破壞式創新

比別人晚、比別人慢，你怎麼修改別人的商業模式，別人養大市場、你收割利潤？

U0095870

日本電商專家、擁有1,800家以上的跨境電商網
成嶋祐介 —— 著
李友君 —— 譯

目錄

第1章 買「有用」到買「有趣」

第 2 章

遠親專家不如近鄰網紅

第 3 章

問谷歌已落伍，年輕人習慣抖一下

第4章 推播媒合系統，比你更懂你

第5章 你做壞事？AI比老天更早知道

第6章

線上線下融合

第7章

顧客願意買，就是正確價格

第8章 集結小蝦米，成為大勢力

第9章 科技平等化，小白也能操作

第10章

製造業新潮流：軟體差異化

推薦序一

看似賠本生意的背後，有翻轉獲利模式的妙招

威煦軟體開發有限公司總經理、B2B權威／吳育宏

網際網路的發達，大幅提升了人們交換資訊的速度；社群媒體的興起，則徹底改變廣告曝光的模式，以及行銷的遊戲規則。**網路與社群這兩大巨變**，正是過去幾年各種產業「商業模式創新」的重要條件，並**顛覆了許多傳統生意的思維**。

舉例來說，以往人們認為「售價減去成本，等於利潤」，甚至因此流傳一句俗語：「殺頭生意有人做，賠本生意沒人做」。但在新商業模式下，消費者可能會看到大量「賠本生意」出現，像是價格低得誇張的促銷方案，或免費試用、試吃，只

為了留下顧客基本資料。

我認為支撐這些創新商業模式的關鍵，是廠商懂不懂得運用科技，創造並管理新時代的「顧客關係」（Customer Relationship）。這包括了顧客與廠商之間的關係，也就是他們對品牌的熟悉程度、信任感，以及個人化的需求。例如，外送平臺「美團」，就是透過系統分析需求、媒合及推播，在對的時間，將對的產品，成功推薦給對的顧客。

此外，創新商業模式中，顧客與顧客的關係也扮演舉足輕重的角色。電商品牌「拼多多」就是將團購模式發揮到極致的代表，它用簡單、易操作的社群媒合機制，有效整合在各地的零碎需求，使有相同喜好的顧客能更緊密的連結在一起，創造出新的「顧客間關係」。

當一個品牌有辦法從顧客群中挖掘出夠多樣、能持續的商機，便有足夠的本錢「玩創新」。**看似賠本生意的背後，有各種翻轉獲利模式的妙招**。此外，**創新的商業模式也必須在足夠規模的市場中，才得以不斷實驗與實踐**，中國市場便是一個極具代表性的場域。

由於中國有龐大的消費人口，網路與金流的基礎建設也具備一定水準，過去幾年孕育出許多成功的商業模式。當然，其中也不乏失敗案例，或是過度削價競爭後，反而破壞了市場整體的價值和品質，都值得我們以客觀角度去省思。

本書透過一位日本電商顧問專家的角度，剖析他所輔導及觀察的中國電商產業。除了顧問一貫淺顯易懂的文筆，案例分析有微觀的個人洞察，也有宏觀的大局分析，我認為這是一本能快速掌握中國電商模式、不可多得的好書。

推薦序二

AI時代必學的破壞式創新

元智大學管理學院行銷學群助理教授／朱訓麒

作為一名致力於電子商務與數位行銷研究的教授，我很榮幸為本書撰寫序言。

在這個數位科技日新月異的時代，創新已然成為企業生存與發展的關鍵。本書深入剖析全球的數位創新趨勢，為我們提供極其寶貴的洞察和啟發，正如特斯拉執行長伊隆・馬斯克（Elon Musk）提倡的第一性原理（按：回歸事物最基本的條件，將其拆分成各要素進行解構分析，從而找到實現目標最優路徑的方法）。

書中探討幾個中國式的破壞性創新，如拼多多、小紅書、抖音、直播帶貨等，而這些恰恰體現了從根本原理出發，重新思考問題的方法。這些案例展示了企業如何結合娛樂與購物，創造出全新的商業模式。像是第三章分析了短影片平臺抖音的成功，不僅改變人們的娛樂方式，還創造新的銷售通路。

值得注意的是，**YouTube 和 Meta 也推出了類似抖音的短影片功能**，顯示出這種創新模式的全球影響力。

第二章提到的新氧 App，則展示如何利用社群力量來消除資訊不對稱，為用戶提供更透明且可信的服務。這種模式不僅適用於醫療美容行業，還可以延伸到其他需要建立信任的領域。

此外，書中還詳細介紹喜馬拉雅、美團、瑞幸咖啡、支付寶與芝麻信用等。這些案例雖然在中國廣為人知，但在臺灣卻鮮為人討論。作為一個研究者，我必須承認，這本書讓我驚為天人，因為它系統性的整理我這幾年學到的許多創新應用案例，並深入淺出的解釋理論。

特別值得一提的是，書中對動態定價策略的討論（第七章）。這種以顧客需求為起點的定價方法，利用大數據分析來實現精準定價，雖然有時被詬病為「大數據殺熟」（見第一八七頁），但其背後的邏輯和技術值得我們深思。而 ETCP 智慧停車（第七章）和再惠（第八章），同樣展示AI與數據應用在實際場景中的巨大潛力。

在閱讀過程中，我不禁對比其中的創新案例與臺灣的現狀。我們的AI半導體產業在全球市場上占據領先地位，展現出驚人的創新能力和全球視野。然而，反觀我們的資訊與服務業，卻往往局限於本地市場，缺乏全球化思維和破壞式創新的勇氣。

本書中的每一個案例都在呼喚我們：突破地域限制，以全球化的視野開拓市場。我們必須認識到，臺灣在AI半導體領域的優勢，為我們的資訊與服務業創新提供了堅實的技術基礎。我們應充分利用這個優勢，將創新思維與尖端技術結合，開發出更多面向全球市場的創新產品和服務。

前言
改變商業模式的十個破壞式創新

科技躍進、氣候變遷、工作方式多樣化——商業環境隨時在變化。舉例來說，幾年前，誰能預料新冠疫情會在全球各地爆發？

世界正奔向完全無法預料的時代，就是所謂的「烏卡」[1]。

市場環境產生變化，是因世上陸續出現顛覆以往常識或既定觀念的服務。例如，Uber Eats 開放一般人以臨時送貨員的身分加入，活用所謂的零工（gig worker），開創前所未有的服務。

1 VUCA，即易變性（Volatility）、不確定性（Uncertainty）、複雜性（Complexity）及模糊性（Ambiguity）。

所以 Uber Eats 和以往的送貨模式不同，它「不帶固定成本，低風險、低成本」，而且基本上用一臺智慧型手機就能完成操作。看看類似 Uber Eat 的服務，就會發現我們以往認為理所當然的詞彙，如餐飲或送貨等，開始有了全新意義。以往認為是常識的事物逐漸脫離常識，而「脫離常識」的東西，漸漸變成人們的「常識」。許多企業因此感到疑惑：「我們在跟什麼作戰？」

我是一般社團法人深圳市跨境電子商務協會日本分部代表理事成嶋祐介。

除了經營家業成島股份公司，製造和販賣雛人偶[2]、五月人偶[3]及其他日本傳統工藝品之外，還經營電商顧問公司和品牌管理公司。原本為了擴大日本傳統工藝品的銷售網，而與世界上的科技企業建立關係，不知不覺擁有超過一千八百家企業的人際網，成了「有點奇怪的人偶店」。

我透過電商就近觀察中國和世界許多科技企業的動向，感受到世界科技遠比人們想像的還先進。

GAFA[4]等企業也感受到其威脅，而開始觀察和學習他們的做法。許多後進公司以科技、資訊及速度為武器，不斷開創顛覆常識的新商務。

配合使用者的需求，智慧移動（Smart mobility）越來越進化。例如，憑一臺智慧型手機，就能讓工廠運作；在電商網站，只要靠眼睛和耳朵，就能採購……只是多數人囿於常識，因此無法想像這樣的世界早就成了現實。

我仔細觀察後，發現這些科技企業的商務模式有幾個共通點。雖然力量微薄，但我希望能將其化為文字，傳達最新的知識見聞給對前途感到迷茫的商務人士。

書中將尖端科技企業掀起的變革，歸納成十項決定性變革，此外，也會逐章介紹帶來變革的「最重要關鍵字」（見下頁圖0-1）。

世界科技企業為何不被以往的商務常識局限，他們會想出什麼樣的點子，以怎樣的速度行動？只要從他們的動向獲得靈感，就能開創走上世界前端的商務模式。

2　譯註：日本家庭為祈求女兒健康幸福而擺設的人偶。
3　譯註：日本家庭為祈求兒子健康幸福而擺設的人偶。
4　譯註：指谷歌（Google）、亞馬遜（Amazon）、臉書（Facebook）及蘋果（Apple）。

圖 0-1　改變世界的 10 大破壞式創新

章節	破壞式創新	最重要關鍵字
第1章	買「有用」到買「有趣」	娛樂轉型
第2章	遠親專家不如近鄰網紅	四贏循環
第3章	問谷歌已落伍，年輕人習慣抖一下	影片優先
第4章	推播媒合系統，比你更懂你	媒合系統
第5章	你做壞事？AI比老天更早知道	信用評分
第6章	線上線下融合	超級OMO
第7章	顧客願意買，就是正確價格	使用者起點型動態定價
第8章	集結小蝦米，成為大勢力	小黑魚策略
第9章	科技平等化，小白也能操作	科技平等化
第10章	製造業新潮流：軟體差異化	新製造

（按：Online merge Offline ／ Offline merge Online，縮寫為 OMO，指整合線上線下系統、消費者數據，並將通路之間的服務和行銷策略融合，打造以消費者為核心、流暢的全通路購物體驗。）

第 1 章

買「有用」到買「有趣」

關鍵字　娛樂轉型

1 服務基礎中必須有娛樂要素

數位轉型（Digital Transformation，簡稱 DT 或 DX）是近年的流行用語。全球大型企業藉由訂閱[1]和其他新型商業模式達成數位轉型，進而刷新時價總值、提高利潤。而尖端科技企業更以遠超人們想像的氣勢達成數位轉型。許多企業雖然想跟著改變，卻沒能成功。

成功轉型的企業都有的共通點，是把變革重點放在顧客服務上，也就是重視使用者，而非企業本身。就如瑞典優密歐大學（Umeå University）教授艾瑞克．史托特曼（Erik Stolterman）對數位轉型的定義，是「IT 的滲透，讓生活在所有層面上產生更好的變化」，可以說，人們的生活方式正發生變革。

進一步觀察這類科技企業的動向，可發現一個很大的特徵——把娛樂（眾人眼中的樂趣）當成服務基礎。企業要做的，不只是讓使用者單純購買商品或服務，還要想出讓他們感到開心的巧思。像是能與憧憬的網紅[2]直接聯繫的興奮感、爭取排名的競爭心、追蹤者增加而滿足的認可需求、團購（揪團）成功時的成就感……**服務基礎中必定有娛樂要素，帶給人正面的感動體驗。**

從快樂出發，自然提升使用者對企業或服務的忠誠度[3]，於是增加使用頻率和瀏覽時間。而企業會同時蒐集和累積大量的使用者資料，接著依此改善服務，進而提升使用者的體驗。當上述過程開始循環後，企業就會讓服務日益進步。

比起功能，更重視由誰推薦

現在的消費現場，以「人因」作為決策的主軸。說得更清楚一點，就是消費者購買商品或服務時，比起功能或內容，更重視「因為那個人推薦」、「再多一個人

1　Subscription，顧客「定期」支付定額費用以獲得商品或服務。
2　Influencer，在特定社群網路上擁有知名度、能對使用者帶來龐大影響的人。
3　顧客或消費者對於企業品牌或商品的依戀和信賴。

就成團了」。

在行銷領域上，常談到現代人的消費模式從實物型轉變成體驗型，前者是以產品為中心，後者則以體驗為主。不過**接下來會加速轉化成「人因型消費」**，**評估標準以人為中心**。因為現代人的消費動力是娛樂，他們在享受的同時追求（娛樂上的）自我實現，所以企業能蒐集到可信度高的消費者資訊，並依此提升商品或服務的價值。

像這種藉由追求娛樂來獲得大量使用者資料，讓服務急速成長的企業都有一個共同的特徵。這個特徵是數位轉型的進階版，我稱為娛樂轉型（Entertainment Transformation，簡稱 EX）。

為了幫助讀者更好理解，接下來我會介紹三家在這十年來展開服務的新興公司，看他們如何透過娛樂轉型，成為世界最尖端科技企業。

2 拼多多：團購解任務，五年就打敗阿里巴巴

二〇二〇年十二月，一則新聞讓全球企業議論紛紛：中國零售電商[4]平臺拼多多[5]的使用者人數，超越中國電商巨人阿里巴巴集團[6]，站上第一名。

創辦五年的拼多多將阿里巴巴趕下寶座，其名號一下子舉世皆知，現在更與**天貓[7]和京東[8]並駕齊驅，確立中國三大電商平臺的地位。**

（按：拼多多創辦人黃崢在二〇〇四年進入谷歌擔任產品經理，隨後參與谷

4 電子商務（Electronic Commerce，簡稱 EC）的簡稱。指在網路上買賣實物或服務。一般多用在網路購物上。
5 中國上海尋夢信息技術有限公司經營的零售電商平臺。二〇一五年開始提供服務。
6 於一九九九年創辦，中國具代表性的科技企業集團。
7 阿里巴巴集團經營的中國最大零售線上購物中心。
8 中國的線上購物中心。號稱規模在中國境內僅次於天貓，位居第二。

歌中國的初創階段，於二〇〇七年離開谷歌並創業。到了二〇一五年成立拼好貨（拼多多的前身），僅用三年就登陸美股。拼多多到二〇二二年推出跨電商平臺Temu，並在同年九月登上美國應用程式商店榜首。極具競爭力的Temu成為拼多多的重要增長引擎，更讓黃崢成為一九八〇年後出生的第一位中國首富。）

為何拼多多在電商市場中晚起步，卻能在短時間內達到如此爆發性成長？

原因在於**拼多多巧妙的將團購這個娛樂要素導入市場——**只要湊足一定人數，買家就能用便宜的價格購買商品。

中國各大電商平臺每年會舉辦一次超大型活動，像是天貓的光棍節（雙十一）或京東的週年慶（六月十八日）。雖然活動當天有幾百億人民幣規模的金額在流動，銷售額足以傲視群雄，但背後卻產生了龐大庫存。

各大電商購物中心嚴格規定分店「一天內要出貨，否則就罰錢」。結果，分店為了配合其要求準備好大批商品，以便能隨時出貨，但怎樣都賣不完，必須負擔大量庫存。

拼多多看準這點並提供團購平臺，號召「眾人合買就能省〇折」，試圖消除庫存。這是「解決課題型」的商業模式。對價格敏感的中高齡客群馬上就有反應，認為既然能以低價購買某產品，就參加團購。

其實，地方都市的中高齡客群，是大型電商購物中心顧不到的客群。他們越來越熟悉怎麼操作手機、電腦等數位裝置，所以當拼多多提出明確優惠，「只要團購，就能用較低費用買到」，一下子就獲得那個客群的青睞。

社群平臺分享，團購更有吸引力

一般來說，住在大都會區的使用者，若要買東西會選擇去大型購物中心，所以拼多多決定把住在地方都市的中高齡層當成目標客群。結果，僅五年就成長到足以和大型電商購物中心比肩。

事實上，團購的商業模式本身並不新穎。例如，日本曾有酷朋[9]提供這類服

9 Groupon，美國酷朋公司經營的團購型優惠券網站，能透過團購便宜購買優惠券。雖然在二〇一〇年進軍日本，卻在二〇二〇年九月停止販賣優惠券，退出市場。

務，只是現在全面退出市場。

拼多多之所以能成功，關鍵是藉由社群平臺（SNS）來製造娛樂。微信[10]和其他SNS都具有一種機制，是能分享資訊給朋友或熟人，像是可傳「二十四小時內揪三個人購買，就省六〇%」等訊息，以吸引他人跟團購買。此外，拼多多也會將推播通知傳到手機，例如「〇〇買了這項商品」、「一起買可以省〇%」等。

圖 1-1　拼多多每天都有不同的團購任務。

出處：拼多多。

即使是完全沒必要購買的商品，也會因為「朋友現在想買這個」而收到團購邀約，於是跟著參一腳。

實際參加團購到後，能**收到朋友傳來的感謝訊息，進一步強化互動，過程中獲**

得的體驗比單純的購物更令人深刻。

「只要成團，就能低價購買」，這件事越來越像玩遊戲，舉例來說，「湊齊五個以前沒一起買過東西的人」、「湊滿五種不同尺寸的鞋子」等，拼多多每天都會出現各式各樣的團購「任務」。

參加者可以是朋友，也能是在拼多多上認識的人。累積多次團購經驗之後，會逐漸擴大交友圈。還會產生許多擁有相同興趣的使用者社群，形成龐大的市場。

除此之外，拼多多備有令使用者開心的促銷機制。比如讓朋友參加團購；傳送連結，就可以獲得現金優惠；玩小遊戲，中頭獎就送熱門商品，得二獎或三獎送折價券等。令人開心的巧思和充滿誘因的設計，哪怕使用者正在上班，只要收到團購邀約或優惠通知，便忍不住停下手邊的工作，開始刷一下網頁。

10　WeChat，騰訊經營的通訊軟體。又稱為中國版LINE，除了通訊功能，也備有貼圖、通話及群組聊天功能。

致勝關鍵——先接單再開發商品

此外，拼多多還有一個獨特的關鍵，是C2M[11]機制——廠商直接向使用者接單，再開發商品。

「要是有這種商品會怎麼樣呢？」

「不錯耶！」

「要在哪裡製造？」

使用者之間透過團購深入交流後，下一個階段就會出現類似的對話。這些意見會直接傳達給廠商，使用者們便能在拼多多上共同開發和販賣原創商品。

例如，有家沒沒無聞的衛生紙製造商，某個網紅使用者對那家廠商詢問：「能不能以低於大型廠商的價格，開發觸感良好的高品質衛生紙？」接著傳達其他使用者的意見，像是「想要一百公尺長的捲筒衛生紙」、「最好沒有芯筒」等。廠商根據這些意見，以合理的價格實際做出符合想像的產品。

中國有許多中小廠商具備高超製造技術，卻不擅行銷，很難有機會獲得其他大型電商購物中心的青睞。對他們來說，**直接向使用者接單，再由拼多多經售**，是一個很好的商機，所以會配合要求。可以說，想便宜購買好東西的使用者，與沒有機會透過大型購物中心交易的廠商，透過拼多多產生獨特的經濟圈。某種意義上也可以稱為「CP值版本的群眾集資[12]」。

對於另一群使用者來說，傳達自己的意見，實際做出理想的商品，就是平常購物時得不到的感動體驗。使用者的自我實現和中小企業的商業優勢相輔相成，讓拼多多上逐漸擴大C2M市場。

11　Customer to Manufacturer，屬於完全接單生產型商業模式，製造商接到消費者的訂單後才會製造商品。其優點在於無須負擔庫存，避免不符消費者的需求。

12　Crowdfunding，由群眾（crowd）和資金調度（funding）組合而成的名詞，透過網路散播活動或專案的相關資訊，從不特定多數人身上調度小額資金的方法。

3 小紅書：用情境，而非商品，細分市場

若要比喻小紅書[13]，它就像結合了Instagram、@cosme[14]、亞馬遜的App。**小紅書於二〇一三年登場**，當初以類似@cosme的化妝品口碑網站起家。完全不碰中國產品，專攻來自海外的進口貨，以住在市中心的高階女性為客群。

這款應用程式在服裝、化妝品、生活用品及其他關於生活品味的廣泛領域中，高高伸出觸角，並擴大經營的市場類型，還追加類似Instagram發布圖片或影片的功能，以及能立刻購買的電商功能。

化妝品或時尚就不用說了，就連電玩、音樂、運動、閱讀、寵物、飲食、教育、車子……**關於日常生活所有用品和娛樂，在小紅書上發布資訊時，都會搭配時髦的圖片或影片。**

順帶一提，在中國，由於以前化妝品和健康食品之類的誇大廣告橫行，帶給大

眾負面印象，所以消費者認為，企業提供的資訊不可信。

在這樣的疑慮中，小紅書藉由發布可信度高的海外品牌資訊，且能立即購買，轉眼間吸引使用者的支持，急速成長。甚至越來越多人不用類似谷歌（Google）的搜尋引擎，而是在小紅書上搜索訊息。

雖然越來越多日本年輕人用X[15]或Instagram查資訊，但X目前還沒像小紅書那樣，提供兼具社群、口碑網站及電商的單一窗口服務。

替每個網紅做專業分類

小紅書之所以能獲得這麼多的高品味使用者族群，急速成長，不只是因為做到

13 行吟信息科技上海有限公司經營的中國社群網路服務App。二〇一三年開始提供服務。註冊使用者人數約為三億人。

14 Istyle股份公司經營的日本最大化妝美容口碑網站。

15 舊名為推特（Twitter），源於美國的微部落格及社群平臺。二〇二三年，伊隆．馬斯克收購，並更名為X。

一站式[16]，關鍵在於劃分市場區隔[17]。

以 Instagram 來說，一個靠流行時尚獲得支持的網紅，通常經營類別會很廣泛，像是同時經營美妝和美食等。可是那個人不見得擅長跨領域，結果就可能會像企業案件的祕密行銷[18]一樣，傷害追蹤者的信任。

相形之下，**小紅書則是替每個網紅的專業分類**，例如，美妝類底下有「低價專區」，劃分得相當清楚。

圖 1-2　小紅書替網紅的專業分類。

出處：小紅書。

基本上，某類別的網紅會提供比其他網紅更專業的內容，抓住粉絲的心。

舉個例子，某人打算在生日當天和情人共進晚餐，

16 指整合各功能，讓人進入某個服務站點（店家、網站或是App等），就可以完成自己需要的服務，節省時間。

17 Segment，將整體分割後的一小部分。商務上則為行銷術語之一，指的是依照年齡、性別及購買行為之類的指標來劃分顧客。

18 stealth marketing，將廣告偽裝成口碑或個人感想的宣傳手法。

圖 1-3　不只賣化妝品，小紅書逐漸擴展市場。

出處：小紅書。

而開始找適合的餐廳。即使打開日本美食評價網「Tabelog」之類的口碑網站，只能獲得「這家的料理很好吃」、「三．五顆星」等評語，並不會刊出「是否適合約會」等資訊。

而小紅書有專門分享約會餐廳資訊的網紅，刊登評語如下：「假如計畫在這家餐廳慶生，店家會安排客人在包廂用餐，走過休息廳的階梯後，從天花板撒下玫瑰花瓣，令人感動。雖然光看餐點是三．二分，但在生日企劃方面要給四．五分。」不僅如此，那位網紅還說：「為了提供給想要同等待遇的人，我和那家餐廳準備了聯名企劃！」然後貼出連結，販賣專屬方案。

小紅書之所以決定細分市場類別，是因它從化妝品口碑網站起家。假如概括為「化妝品」，每個網紅經營的商品多半大同小異。所以要細分類別、專攻利基市場，如粉底或眼妝等，作為網紅獲得追蹤者的策略。只要使用者信賴網紅的資訊，認為「他推薦的準沒錯」，便會購買商品。

結果就會陸續冒出擁有一千多萬名追蹤者的網紅，甚至誕生追蹤者將近一億人的超級網紅。

小紅書使用者在選擇和購買商品時，比起產品規格，更在乎是哪個網紅介紹，所以，他們會針對網紅給出評論，不像亞馬遜使用者，是針對實物或者是服務留下評價。

網紅給資訊，使用者給回饋

如前文所提，小紅書 App 具備電商功能，可從發布的圖片和影片直接移動到購買畫面，所以使用者能當場下單心儀網紅介紹的商品。

不只網紅介紹的商品，就連出現在圖片或影片背景的洗衣機或嬰兒車，ＡＩ也會自動分析然後加上標籤（tag）。這些商品有時能表現出憧憬的網紅怎麼生活，為了跟對方有共通點，使用者就開心的按下購買鍵。

再者，小紅書 App 能依照使用者購買的物品，提供回饋金給網紅。而網紅則可透過小紅書裡的工具，查看和分析自己的點閱狀況和販賣成績。

雖說是分析，卻不是查看所有指標，而是建議使用者鎖定重點，像先以提升某項指標為目標、這個人是這樣成功的……所以網紅知道自己該做什麼，進而提高幹勁。這種貼心使用者的使用者介面[19]設計，是小紅書的優點。

對於追蹤者來說，不只單方面接收網紅提供的資訊，還可以藉由向網紅購物來「回禮」。

藉由這種雙向的施與受，就能加深和延續網紅和追蹤者的關係。

假如網紅能回應追蹤者的期待，提供更有益的資訊，追蹤者的忠誠度也會逐漸提升，形成良性循環。

4 唱吧App：煽動你「好想贏」的心理

日本的卡拉OK業界長期陷入困境。市場規模從一九九六年的一・二兆日圓高峰，縮小到二〇一九年約四千億日圓。全日本卡拉OK事業者協會的《卡拉OK白皮書二〇二二》指出，隨著二〇二〇年新冠疫情日益嚴重，政府發布緊急事態宣言（四至五月），使得市場規模受到影響而急速衰退，比上一年減少四八・一%。二〇二一年再減少二〇%，市場規模僅剩一千五百五十億日圓。

在其商業模式中，由於租金支出或人事費之類的固定成本占八〇%，所以一旦需求減少，就會直接壓迫到收益。

19 User Interface，簡稱UI。使用者和產品或服務的接點（Interface）。是使用者和系統互動、交換資訊的媒介。

卡拉OK在中國也是熱門娛樂之一，但跟日本一樣，近年來多人歡唱卡拉OK逐漸減少。另一方面也顯露出趨勢：**少人或個人卡拉OK以年輕族群為中心。**

能迅速因應這項趨勢的企業就是北京小唱科技。該公司除了以往的卡拉OK包廂之外，還在商業設施和電影院中設置「電話亭卡拉OK」（見圖1-4），數量是公共電話亭的一倍。既因應「想在購物或看完電影後唱歌」的需求，也藉由無人化管理降

圖 1-4　設置在大型商業設施的電話亭卡拉OK。

出處：作者攝影。

低人事費。

北京小唱科技的創業理念是「隨時隨地都能透過卡拉 OK 同樂交流」，現在將生意的重心放在音樂社群 App 唱吧[20]。

唱吧的特徵是從娛樂轉型的觀點出發，將卡拉 OK 進化成符合時代的娛樂。想偷偷練習，提升技巧；在家裡也能歡唱……為了配合這些需求，讓人隨時享受單人卡拉 OK，於是唱吧就此誕生。

只要手機下載唱吧 App，不管在什麼時候，都能享受單人卡拉 OK。

另外，假如有附藍芽喇叭的麥克風，即使待在家裡也能體驗宛如卡拉 OK 包廂般的臨場感。若擔心聲音外洩影響到他人，或覺得讓人聽見歌聲很難為情，也可以使用耳機麥克風，安心享受又能顧慮周圍。

20　北京小唱科技有限公司經營的音樂社群 App。二〇一二年開始提供服務。

下載完，隨時能唱

為了讓使用者歡唱，唱吧搭載回音和殘響[21]之類的效果音功能，使歌聲聽起來更悅耳。

此外，自己的歌聲還可以透過AI美化，**提升伴奏音質的付費方案也一應俱全，任誰都能獲得如專業歌手般的體驗**。其他還有線上教學方案；替歌唱能力計分，透過量化審視成長狀況的功能……許多巧思都能讓使用者感受自身成長。

不過，雖說是單人卡拉OK，並非如字面所說只能單人唱歌。與同好分享卡拉OK體驗，強化交流的社群功能，才是唱吧的一大魅力。

唱吧App有SNS，使用者可開設「房間」，發布自己的歌。曲子還能生成類似MV的影片並公開，或是直播唱歌，再透過微信來分享。假如自己的「房間」追蹤者增加，就會挑起使用者的認可需求，發布越來越多歌曲。

另外，唱吧還有無數個較量歌唱能力的圖表，依照地區別、作品別或歌手別等項目分類。此外，還有一項機制：**只要打開定位資訊，就會顯示「鎮內排名第**

一」、「〇〇小學畢業生第一名」之類的「神祕排行榜」，**煽動使用者的競爭心**。藉由這種豐富的圖表功能，讓使用者不知不覺打開應用程式。

藉由活用使用者資料的分類和圖表功能，提升使用者的幹勁，是許多中國科技企業的拿手絕活。

除此之外，唱吧還有歡迎度投票，與朋友同樂的包廂歌謠秀，抖內（贊助、捐贈）最愛使用者等，社群功能豐富，讓一群使用者享受各取所需的交流。

不只使用者之間能橫向交流，App內還有類似職業歌手和讀者模特兒[22]的網紅，所以也可以與他們縱向交流。

App內逐漸產生「眾人炒熱社群氣氛」的景象，不只是自己唱歌，也會出現使用者提供「幕後」支援，像是替立志當職業歌手的使用者加油、社群內成為饒舌手的主持人，或是像DJ一樣選曲的人等。

21 指聲音對建築物牆壁、地板、天花板或其他部分之聲音反射或回聲的結果，為聲音帶來空間深度和廣度感。

22 譯註：指時尚雜誌的讀者獲得該刊物青睞，而成為模特兒的人。

這樣的社群會自然而然的吸引其他人進去，朋友圈因此慢慢擴大。

不管住在多麼鄉下的地方，也能透過唱吧開拓成為歌手的道路，實際上，**確實有歌手從唱吧出道**。唱吧以「實現夢想的 App」之姿，締造年輕人的新文化。

另外，使用者以什麼方式聽什麼曲子，或哪首曲子的哪部分唱不好，這類資料會提供給唱片公司，讓他們改變音樂類型或推薦歌曲給喜歡某種曲風的使用者，進而獲得龐大的利潤，將使用者的喜好和商業買賣巧妙融合。

北京小唱科技藉由開發唱吧，從「經營卡拉 OK 包廂的企業」邁向「支持使用者自我實現的企業」，完成自家公司的變革，還讓「眾人」同享單人卡拉 OK 的新文化在市場扎根，從這層意義上而言，也改變了社會。

破壞式創新的特徵整理

● 娛樂轉型

拼多多的重點在於划算購物，小紅書是高品味的生活方式，唱吧則是卡拉OK，服務雖各有不同，但內容核心都是讓使用者享受交流，同時滿足認可需求，或是像打電動一樣分享體驗。

換句話說，這些平臺會支持使用者自我實現，如想當歌手出道、希望獲得許多追蹤者……這類追求會壯大社群，加速人因型消費。

因為開心，使用者自然會聚在一起發布資訊和購物，而企業因此累積大批的使用者資料並用AI分析，接著敏捷（agile）[23]的改善服務，讓使用者進一步增長，

23 主要用在IT領域上的敏捷開發（agile development），指彈性因應方針變更或環境變化之類的開發方法。

變成龐大的社群，逐漸形成一個市場。

這就是為什麼我在開篇說，娛樂轉型超越數位轉型。

● 忠實扮演平臺管理者角色

這些落實娛樂轉型的企業，幾乎不會浮上檯面。他們堅決站在平臺管理者的立場，營造讓使用者玩得盡興的環境。

小紅書藉由細分網紅類別，讓他們專攻擅長的領域，結果提升了追蹤者對網紅的信任。另外，分析追蹤者的功能也設計成淺顯易懂的使用者介面，藉此激發網紅的幹勁。

唱吧允許使用者炒熱社群的氣氛，像是站在幕後給予支援，例如替演唱者加油打氣、成為 DJ 協助選曲。企業還會做各種排行榜激發使用者的幹勁。

企業只須建立這些機制，之後就任由網紅經營各自的社群。

而拼多多徹底扮演統整使用者之間，或是整合使用者和中小廠商的角色，不會直接參與團購或 C2M 的商品開發。

以亞馬遜為代表的大型電商購物中心，其實擁有直營的子公司，販賣自有品牌商品，「支配」平臺好讓自家公司得利。

與這種「中央集權式」的平臺相比，拼多多稱得上是相當平等而民主，所以才能讓使用者和廠商自由交流。

● 刺激社群，產生聯繫

這些案例是藉由社群讓一個使用者聯繫到別的使用者，以創造許多交流。本書其稱為「個人流量」。

唱吧藉由卡拉ＯＫ，讓無數使用者互動；小紅書透過網紅和追蹤者的購買行為，締造許多施與受的關係；拼多多利用團購，得以和新的使用者接觸，進一步創造擁有共通興趣的社群。

這些個人流量看似自然發生，但其實是管理者——企業施加「限制」並誘導使用者，像是「會增加更多追蹤」或「提高排名」等。只看限制二字，有人會覺得沒自由，事實上，企業是透過適當的條件，讓使用者更能自我實現。

小紅書的分析功能就是一個例子。藉由這項功能增加更多點閱量，同時蒐集到大量使用者資料，當然也符合企業自身的利益。

第一章介紹的娛樂轉型特徵，也會在後文屢次看到。

這些企業已不會在會議室裡苦著臉思考顧客形象。他們從讓使用者開心的角度發想，以獲得更具體的資料。沒有任何東西能比這些資訊，清楚說明使用者的行為特性。

資料會填補想像和現實的鴻溝。比如某家企業有個優秀人才正研究銷售策略。他推測某種類型的使用者會購買某項商品，但這也代表他忽略其他類型的使用者。結果，他的推測和現實常常會乖離。

要判斷基於想像而制訂的策略是否呼應現實，資料更顯重要。這是在變化特別迅速的時代裡，填補現實與想像鴻溝的必備要件。

第 2 章

遠親專家
不如近鄰網紅

關鍵字　四贏循環

1 消除資訊落差，創造四贏

「這棟公寓竟要價一億日圓！」不動產仲介業者兼直播主充滿朝氣的公布中古公寓物件的價格。節目才開始十分鐘，就有超過一萬人觀看直播[1]。

「這個條件配這個價格不好找喔。」直播主旁邊的不動產估價師說道。此時畫面上陸續飄過觀眾的留言：

「後面的馬路拍得不太清楚……。」

「那間關著門的房間，其實很髒吧？」

「一億元好貴。九千萬元還差不多。」

接著，另一名擁有不動產估價師資格的網友留言：「因為是競標物件，所以就這個條件來說，該公寓比一般行情便宜兩成。」這條留言似乎成了推手，一名觀眾舉手出價，物件順利成交了。

這位不動產仲介業者本來預定要銷售的五個物件，統統賣完。原訂一小時的直播節目，不到二十分鐘就結束了。

以上重現近年來盛行於不動產物件直播帶貨[2]實況。

從上千萬元到上億元的不動產和直播帶貨，雖然看似是奇怪的搭配，不過由於不少人對投資不動產的意願很高，所以像這樣的內容，意外的很受歡迎。

有個經濟學術語叫資訊不對稱。簡單來說，就是賣方獨占關於商品或服務的資料，而買方沒有充分了解訊息，使得雙方產生資訊落差。**尤其是不動產或中古車這種乍看之下難以察覺缺陷的商品，或是醫療服務和法律資訊等需要高度專業的領域，就容易產生問題，**像是出現試圖誘導消費者的誇大廣告。

1 經由直播伺服器或網路，即時向觀眾直播影片或聲音。
2 網路直播搭配電商的販賣方法。透過SNS等管道介紹商品，再將觀眾引導至電商網站。

日本也有以聯盟行銷[3]的收入為目的，推出許多惡質廣告，如宣稱「只要喝了，就能燃燒脂肪」、「只要捲起來，腹肌就變緊實」等，有時還可以看到部分營運者被消費者廳[4]處以行政處分。

針對這個問題，不少科技平臺試圖藉由賣方和買方互助，形成合作關係，來消除資訊落差。

像前文提到的不動產物件直播帶貨也一樣，使用者在留言的同時釐清疑問，賣方亦配合要求公開訊息，讓他人獲得充足資訊。而且，網路直播不容易上當，資訊可信度更高。

在醫美領域中，使用中國的醫美平臺新氧[5]的網紅，由於能在使用者追蹤自己的同時，獲得龐大的現金回饋，所以願意透過圖片和影片，公開親身體驗的施術過程和評語，分享真實經驗。

類似這樣，最尖端的科技企業建立了完善的「四贏循環」（見五十四頁圖2-1）——企業（賣方）、使用者（買方）及網紅有正向互動並形成良性循環，除了消除資訊落差的同時，更提升平臺的價值。

3 成果報酬型廣告。藉由網站等媒介介紹商品，再配合網站的點選或購買次數，支付一定的報酬給介紹人。

4 譯註：日本負責維護消費者權益的政府機關。

5 為新氧科技有限公司經營的中國美容醫療平臺。二〇一三年開始提供服務。二〇二一年年度銷售額約為三百二十五億日圓，單月活躍使用者人數（Monthly active users，簡稱MAU）為八百五十萬人。

圖 2-1　四贏循環：買、賣方、網紅和平臺都能得到正向回饋。

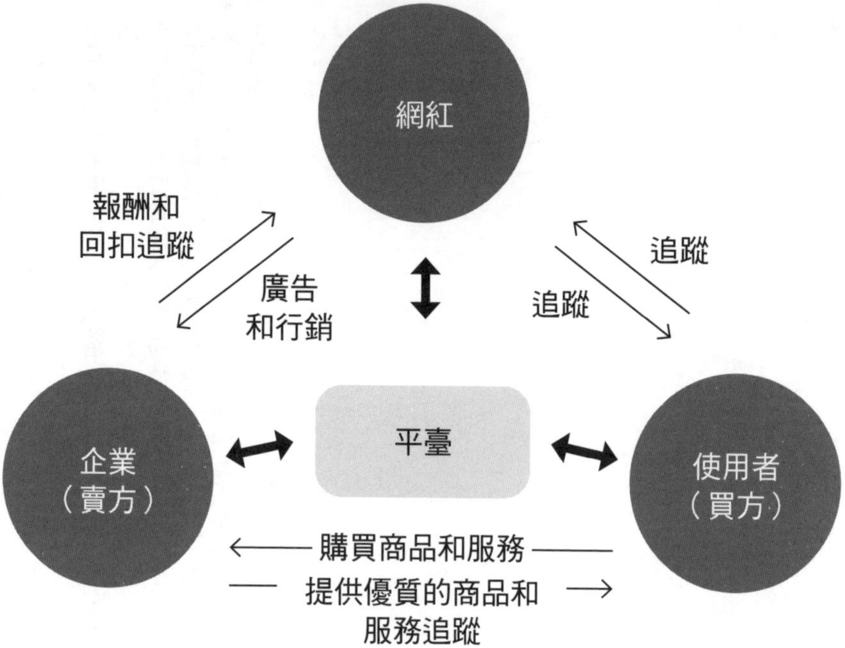

2 信用評分，擔保交易公平性

據美國《紐約時報》（*The New York Times*）報導，亞馬遜在二〇二三年的商品交易總額（Gross Merchandise Value，簡稱 GMV）為七千億美元，超越沃爾瑪，[6] 的年度銷售額五千六百六十億美元[7]。亞馬遜開始超越長年稱霸美國零售業界的沃爾瑪，成為世界第一。

只是，這裡要保留一個前提，是「除了中國以外」。

6 以美國阿肯色州為根據地，於一九六二年創辦的世界規模最大連鎖超級市場。

7 參考自《紐約時報》〈人們現在在亞馬遜上的花費多於沃爾瑪〉（*People Now Spend More at Amazon Than at Walmart*）。

阿里巴巴經營淘寶[8]、天貓及其他巨大電商購物中心。整個集團的二〇二一年度（二〇二一年四月至二〇二二年三月）銷售額為人民幣八千五百三十一億元，全球商品交易總額為人民幣八・三兆元，號稱規模是亞馬遜的一倍以上。

在中國境內的電商市場，阿里巴巴市占率超過五〇％。就算只看淘寶，其年度活躍使用者人數為五億人，商品交易總額為八十五兆日圓，遙遙領先亞馬遜。

淘寶直播[9]支撐淘寶榮景。二〇二一年年底，淘寶藉此獲得的商品交易總額超過人民幣四千億元。淘寶直播是運用四贏循環，使其價值獲得飛躍般提升的代表性服務，是**小紅書、抖音**[10]**、快手**[11]**及其他各種直播帶貨的先驅，牽引其市場。**

買方不知不覺轉當賣方

淘寶直播從珠寶到農產品應有盡有，五花八門的商品透過直播來販賣。其中格外引人注目的，是遭查封的不動產競標物件。

中國為了促進遭到銀行查封的競標物件販賣，最高人民法院（相當於臺灣最高法院）就和淘寶、京東及其他電商平臺合作，舉辦網路競標。

據中國智庫「前瞻研究所」的調查，二〇二〇年全中國不動產競標市場的總成交額，為人民幣七千一百七十一億元，比上一年增加二八・二%。此外，前幾年新冠疫情帶來的影響，相信競標物件未來也會增加。

透過直播販賣競標物件，對不動產仲介業者來說，有一大成本優勢——面對面交易時，一個物件只能對應一名顧客，網路直播則可以同時向幾千或幾萬人介紹、即時回答觀眾的提問和指摘，進而提升對直播主的信賴度，大幅減少向顧客說明所須的成本和時間。

---

8 阿里巴巴集團經營的線上購物中心。相較於天貓這種只有企業可以展店的B2C平臺，淘寶則是以個人間的C2C交易為主軸，做出特色。

9 Taobao Live，阿里巴巴集團經營的直播帶貨頻道。二〇一六年開始提供服務。二〇二〇年年度銷售額約為兩兆一千八百億日圓，二〇二一年六月MAU約為三億兩千萬人。

10 在海外以「TikTok」的品牌發展事業。二〇一六年開始提供服務。

11 北京快手科技有限公司經營的電商平臺。二〇一一年開始提供服務。

有趣的是，有些標到物件的使用者，會在購買後上傳影片評論該物件，「超乎期待」、「和購買前給人的印象不同」，發布心得後，換其他使用者提高對他的信任，於是追蹤其帳號。最後，有些人因此轉而成為網紅，以直播帶貨的不動產評論家身分自居。

就像這樣，在直播平臺中，賣家和買家的界線在好的方面變得模糊，雙方能平等溝通。此外，買方很可能不知不覺轉當賣方。

圖 2-2　直播帶貨推銷不動產的實況。

出處：收稻平臺。

信用評分，擔保資訊可信度和交易公平

淘寶直播吸引使用者支持的原因還有一個，是透過集團內支付App實行的「信用評分」。第五章會詳細說明，這裡先簡單提及。

阿里巴巴集團有個支付App叫支付寶[12]，在中國行動支付市場中，約有六成市占率。

支付寶會蒐集和累積使用者個人資料、購買紀錄、稅金和水電瓦斯費的支付紀錄，以及其他所有付費資料，芝麻信用[13]再根據這些資訊，替使用者的信用打分數。當信用以明確的數字呈現之後，眾人會盡量提升或避免降低分數，可以說信用評分控制了個人行為。

假如在直播中分享虛假或錯誤的資訊，那個人的信用評分不但會立刻下降，使

12 中國阿里巴巴集團提供的無現金支付系統。

13 阿里巴巴集團旗下第三方信用評估，及信用管理機構——芝麻信用管理有限公司推出的個人信用評分系統，置於支付寶中。二〇一五年開始提供服務。

用者也會遠離他。因此，沒有人想做出會給信用帶來負面影響的行為。信用評分控制人的行為，也擔保資訊可信度和交易公平。另外，使用者用支付寶購物可提升自己的信用評分，這也是成為人們使用淘寶直播的強烈誘因。

3 使用者真實露臉，降低高單價消費的不安

醫美在韓國年輕女性之間大受歡迎。再加上近年來韓流偶像熱潮處於順風，所以醫美在日本慢慢受到歡迎（按：許多韓國偶像，不分男女都有做整形、微整形，漸漸影響人們對醫美的印象）。韓國最大的醫美App江南姐姐[14]也成功登陸日本，城市中能經常看到美容診所的廣告。

然而，動手術要投入的費用絕不便宜，一旦做失敗，就只能接受結果，無法馬上恢復原貌。再加上，醫美領域的特徵是資訊完全不透明，一般人不知道哪家診所的手術值得信賴。

該怎麼做才能獲得足以信賴的醫美資訊？中國醫美平臺新氧就藉由四贏循環解

14 Gangnam Unni，韓國第一的美容醫療口碑App。二〇二〇年進軍日本。

決這項難題。

於二〇一三年創辦的新氧屬於社群型平臺，讓對美容整形感興趣的使用者介紹和評論其服務。新氧不只傳播相關資訊，還經營使用者社群，提供廣泛的服務，因此使用者逐漸增加（見左頁圖2-3）。

新氧創辦人進入醫美業界時徹底調查市場，發現許多做過醫美的人，對術後恢復期抱有各種不安和疑惑，希望有人可以聽自己訴說。新氧為了滿足這項需求而站了出來，創業核心是分享自己的手術經驗，讓有相同不安和苦惱的使用者聯繫。

現金回饋機制，增加網紅數量

新氧的一大特徵，是會對使用者發布的資訊給予現金回饋。

做了整形手術的使用者發布體驗後，能收到回饋（一定比例的手術費）。假如其他使用者因那篇體驗而簽約做手術，那麼原發布者會得到更多現金回饋，最後手術費就會抵消，甚或得到正報酬。

圖 2-3　有現金回饋，新氧使用者人數漸增。

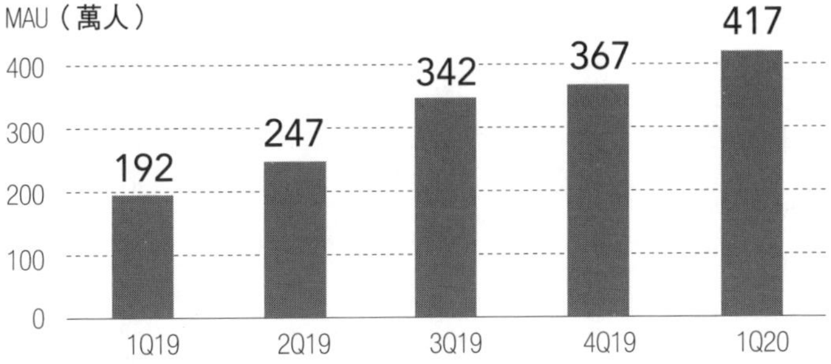

出處：新氧科技

圖 2-4　只用一臺手機即可診斷五官比例。

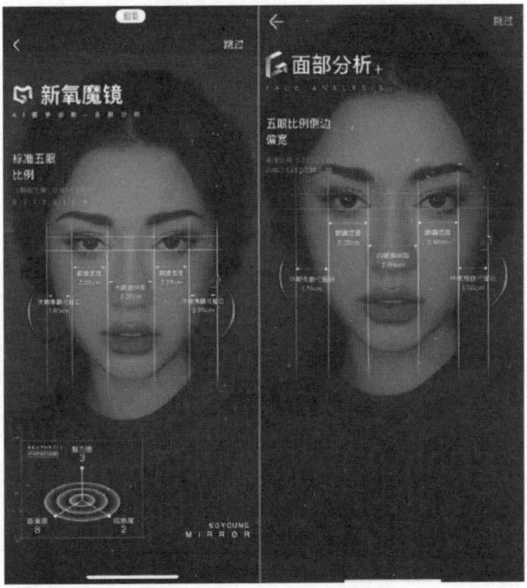

出處：新氧科技。

日本有不只一個美容整形的口碑預約 App 服務，雖然使用者發布手術過程後能獲得點數，卻沒有能完全回收手術費的現金回饋。

另外，經歷和介紹各種醫美服務的新氧使用者會獲得許多追蹤者，成為網紅。他們透過提供諮詢，來獲得回扣，也會和其他使用者或診所共同開發獨家方案等，增加收入來源。

而且新氧和小紅書一樣，分析點閱率的工具會在背後運作，幫助網紅逐一掌握點閱數和自身定位，以擬定策略。使用者介面也設計的很淺顯易懂，巧妙促進網紅的發表欲。讓人深深讚嘆最尖端科技企業的高明之處。

美不美？你自己判斷

醫美市場的主要客層是二十歲至三十幾歲的女性，她們對資訊非常敏感，會帶著懷疑眼光看向企業散播的廣告訊息。這些人素養很高，有不少人具備的知識比醫療專家或顧問還多，要讓這樣的消費者信服和理睬並非易事。

新氧雖會傳送跟美容有關的訊息，但不會強迫別人相信，新氧選擇經營社群，讓網紅站在跟使用者站在同樣的角度，分享自身的手術經驗（見下頁圖2-5），藉此消除使用者的疑問和不安。

「前天我割了眼皮。過程就像這樣。」

「嘴脣注射玻尿酸後過了一星期。」

網紅發布手術過程和結果的圖片和影片，有時慘不忍睹。不過，對於對醫美感興趣的使用者來說，沒有比這更真實且具有說服力的資訊了。醫生不會推銷自己的服務，而由體驗過的使用者誇獎、批評，或推薦醫生或醫療。

偶爾日本也會出現這樣的問題，網站記載的金額和問診時說的金額落差甚大。新氧則會抑制這種歪風，藉由從各種角度出發的豐富資訊讓人仔細比較。

日本的美容整形網站頂多只有個別服務，幾乎沒有統一的平臺，能讓人馬上比較評語。

圖 2-5　網紅發布自己的術後過程，能消除追蹤者對手術的不安。

出處：新氧科技。

第一章曾談論人因型消費，在現代，人們評估的不是實物或服務，而是人。此外，比起遙遠的美容醫療專家，切身如近鄰的網紅，更能引起同感進而獲得信賴。而網紅可活用新氧提供的分析工具，試著將更有益的資訊傳達給使用者。

從新氧可以看到，使用者、網紅「合作」，打造良性循環，於是新氧這個平臺就順利發展起來了。

4 教導者與受教者的界線逐漸模糊

從前面介紹的淘寶直播和新氧，可知消費者需要可信度高的資訊，以消除心中的疑問或不安。正因網路和 SNS 普及，資訊要多少有多少，所以消費者不惜花錢，也想獲得真正有價值的訊息。

知乎[15]是以能輕鬆迅速獲得真正有價值資訊的平臺，而急速成長的科技企業。

對於不知道、有疑問的事，想馬上知道答案時，你腦中浮現哪些網站？很多日本人會聯想到「Yahoo! 智慧袋」[16]和「教教我！goo」[17]等免費問答網站。

知乎也屬於這種類型。不過，它與「Yahoo! 智慧袋」主要有幾點不同：

1. 有付費會員方案。
2. 由該領域的專家實名回答。

3. 具備社群功能，讓使用者、專家能相互交流。

前兩點會讓人聯想到專攻問答的 NewsPicks[18]——由精通各個領域的專家發布關於新聞的專業評論，再針對一則新聞提供更深入的視角。

知乎則由專家實名回答使用者的問題，這一點和匿名的「Yahoo! 智慧袋」極為不同。而且，雖說由專家回答，他們也不會小題大作，讓使用者能放心詢問自己現在切身的苦惱。

自二〇一一年開始提供服務以來，知乎以網羅各種知識的共享社群平臺形象，穩健增加使用者人數。從科學技術、商務、電影、電視、時尚到文化，無所不包。

15 北京智者天下科技有限公司經營的中國最大 Q&A 網站。二〇一一年開始提供服務。二〇二一年年度銷售額約為五百六十億日圓，二〇二一年 MAU 為一億一百二十萬人。

16 Yahoo 股份公司經營的 Q&A 社群服務。二〇〇四年以 Beta 版形式開始提供服務。

17 NTT Resonant 股份公司經營的 Q&A 社群服務。二〇〇〇年開始提供服務。

18 NewsPicks 股份公司經營的社群型線上經濟媒體。提供讀者從日本國內外嚴選的經濟新聞、原創文章、影片內容，以及各界有識之士和專家的評論和解說。二〇一五年開始提供服務。

到二〇二一年九月為止，知乎單月活躍使用人數上升到一億一百二十萬人，付費會員數上升到五百五十萬人。實際回答總數超過兩億四千萬件，確立現今中國最受信賴問答網站的地位。

使用者和專家能平等交流

另外，知乎獨特的地方在於第三點，由此來看，就是做到了四贏循環。專家面對使用者的提問，不會只有單方面的回答，使用者可以自由回覆，與專家或其他使用者交流。

舉例來說，有人問：「在日本可以買什麼保健食品？」專家推薦A款。然而，專家不見得會時時掌握最新資訊。所以其他使用者留言補充：「前幾天我在日本藥妝店買了B款。」、「聽說C款也很搶手。」

另外，當專家回答問題後，其他使用者能延伸話題或提出疑問，例如「關於這個案例，你怎麼看？」、「也有這樣的觀點」等。敏銳的指摘和提問往往會吸引很多使用者來按讚。

有些人可能會想：「專家無法接受被人批評，一定會生氣。」事實上並非如此，他們甚至回覆：「謝謝提供我沒注意到的觀點。」於是，專家和使用者以及使用者之間的交流愈加深厚，不久後可能就會發展成線上社團活動或學習會。

另外，內容會以各種形式流傳，像是付費專欄、網路直播、書店或短影片等。

這一點或許近似於日本的線上沙龍。只不過，線上沙龍是由知名人士主持，給人感覺封閉、排他。而在知乎，專家和使用者的關係極為開放、平等，充分營造出友善的氛圍。

能獲得支持的，才是正確答案

知乎像這樣超越單純問答網站的框架，成功往使用者能自由交流的社群發展，個中概念極為簡單：「對於使用者的求知欲，迅速送上最佳答案。」

為了實現這項概念，不只是專家，使用者也會幫忙回答。從這一點可以看出專家和使用者的合作關係。

在這裡，**教導者和受教者的界線在好的方面逐漸模糊**。有不少使用者因提出優質問題和敏銳指摘，不斷累積讚數，回過神來就成為專家。使用者不知不覺成為提供資訊的那一方，這個現象和淘寶直播或新氧一樣。

另外，使用者不會將某個權威人士的回答和意見視為絕對真理，而是一致認為「能獲得眾人支持的答案，才是正確」。

關於這一點，可以比較「得到[19]」這款聲音學習 App。只要花十分鐘，就能聽完商管書和專家電子書的概要。曾獲學習欲旺盛的使用者支持，一時之間大幅成長。不過與知乎相比，近年來成長上出現些許陰影。

其發展遇到阻礙的理由有好幾個，其中之一是「權威需求的低落」。

得到基本上是由平臺經營方選出專家，以聲音提供知識。雖然各個都是某領域的知名泰斗，但他們年齡漸長，與使用者的求知需求產生乖離。使用者心中會產生疑慮：「從這個人身上學到的東西，真的有意義嗎？」

相形之下，知乎的專家和使用者距離很近，與得到不同。

不管某領域權威再怎麼有名，比起提供不知道會用到的知識，拚命回答自己疑惑的人，使用者較能感受到共鳴。

「解決問題的老師，就是我眼中最好的老師。」使用者這種價值觀，就成為知乎成長的動力。

19　中國的聲音內容服務。

破壞式創新的特徵整理

● 四贏循環

淘寶直播、新氧及知乎的共通之處，就在於四贏循環——賣方（企業）、買方（使用者）、網紅（專家、第三者）及平臺相互黏合，彼此提升。

就新氧來說，醫美診所（賣家）和使用者（買家）之間夾著網紅，以第三者的立場提供真實的經驗談。使用者能因此獲得正確的評語和資訊，選擇最適合自己的診所。同時為評價好的診所帶來龐大的集客優勢。

對網紅來說，既可以獲得使用者的評價和信賴，也可以獲得很多追蹤者。

而新氧（平臺），則透過賣方、買方及網紅，獲得更多的顧客（診所和使用者）和廣告收入。

● 商品服務低價化和高收益化

在淘寶直播和新氧，網紅和使用者的互動會提升資訊的可信度，因此實現商品和服務的低價化和高收益化。

這裡有兩個層面。

一個是削減販賣成本。以往業務是一對一向顧客介紹和說明物件，淘寶直播則是一對多的推銷產品，試圖增加接待顧客的效率。再者，因為直播主可以當場釐清顧客的疑問，消除賣方和買方的資訊落差，所以大幅削減說明所須時間。

新氧也一樣，藉由使用者互相分享經驗談，提供可信度比廣告高的資訊，大幅削減醫美診所為了獲得顧客所耗費的精力。

另一個層面是因為「資訊變現」獲得的收益。

新氧尤其如此，做過整形的使用者發布自己的體驗後，就能獲得大幅現金回饋，甚至足以抵銷手術費。

因為平臺方看出資訊中龐大的價值，於是購買資訊。

使用者真正想要知道的，是手術過程和恢復期（手術後恢復期間的狀況），包含術後護理在內實際支付的總費用。這些屬於美容整形診所難以提供的訊息，藉由使用者分享經驗，就會彌補資訊的不足。

像不動產和醫美這種容易出現資訊不對稱的領域，為了消除其落差，就要花費莫大的成本在說明、提供證言和廣告等項目上。

然而，淘寶直播或新氧之類的平臺，則會因網紅和使用者的互動，而大幅壓縮成本，讓資訊本身產生更多價值，進而為賣方、買方及網紅帶來經濟上的好處。

● 遠親（權威專家）不如近鄰（網紅）

不同於類似得到，這種能單方向從精通某領域的權威專家身上獲得知識，在新氧和知乎，網紅（專家）和使用者平等的關係會產生熱烈的雙向溝通。

就算不見得是由知名專家回覆，網紅或是其他使用者關心提問者且拚命回答問題的態度，也會吸引他人的共鳴和支持。進而加深互動，帶來使用者心目中有益的資訊。

遙遠如遠親的權威專家，不如切身如近鄰的網紅，使用者的這種價值觀，讓民主化的平臺經營得以實現。

說到本書主題科技企業的文章脈絡，就如第一章談到的那樣，企業不會浮上檯面，而是堅定做好平臺的角色管理者，這也稱得上是實現民主化平臺經營的關鍵。

第 3 章

問谷歌已落伍，年輕人習慣抖一下

關鍵字 影片優先

1 影片優先的購買體驗

你在家裡用網飛[1]看電影時，注意到某一幕出現的沙發。「這張沙發看起來真不錯，我正想換一張新的……。」於是你拿起手機對著螢幕後，手機畫面跳出幾個標籤。你點選其中一個，便移動某購物網站，上面有出現在電影裡的那張沙發，接著核對價格並按下購買鍵，這件商品明天就會送到家裡。你心滿意足的回頭觀賞電影。

這樣的未來很快就能實現。事實上，某家科技企業正實驗藉由影像辨識ＡＩ，替電影中登場的商品自動加上標籤，讓人能在觀看電影的當下購物。

從認知到購買，若過程中有一點不順，消費者就不會買。舉例來說，網站跑了幾分鐘，都沒跳出畫面，人們便失去購買意願；如果網頁翻好幾次都找不到購買按鈕，顧客會乾脆不買。

這個傾向在Z世代[2]身上特別明顯，他們每天接收大量的內容，要是動了「真好」、「好想要」的念頭，就想馬上擁有。從獲得顧客終身價值[3]的觀點來看，能否提供流程暢通的購物體驗，是今天行銷中分出勝負的關鍵。

十五分鐘 YouTube vs. 十五秒抖音

為了隨時提供購買機會，全球科技企業正在做什麼？

關於這個問題，我們要了解影片優先（video first）一詞。

簡單來說，世界上的溝通方式從以語言為中心，轉移到非語言溝通[4]上，像是

1 Netflix，美國網飛公司經營的播送註冊制串流服務。截至二〇二二年九月底，全世界付費會員數超過兩億兩千三百萬人。

2 一九九〇年代中期至二〇〇〇年代末期出生的族群。

3 Lifetime Value，簡稱LTV。行銷術語，指一名顧客在生涯中為企業帶來的價值。

4 是社會心理學中的概念，指人在傳達訊息時，會使用語言、文字以外的媒介，例如臉部表情、肢體語言或音調等來輔助說明。

影片。這個時代出現5G[5]和附有高功能攝影的手機，讓任何人都可以拍攝影片，然後發布到網路上。

影片和語言溝通不同，讓人一看就懂發布者想傳遞的訊息。

除了影片普及之外，各地的交易和貨運機制愈加完善，讓「影片×電商」類型的平臺能無視國境限制成長茁壯。世界來到超越語言障礙、靠影片（非語言）聯繫的時代，也可以說「能用影片向客群溝通的企業，就能控制世界市場」。

影片優先時代的第一棒跑者是抖音。

年輕族群會在空檔打開抖音，觀賞約十五秒影片。抖音也在中國發展電商事業，讓使用者能快速觀看商品影片或人氣直播主的網路直播，同時享受購物體驗。

對他們而言，片長十五分鐘的YouTube影片，都「長」得讓人很難受。換句話說，電商或直播主能否在十五秒內傳遞打動人的訊息，就是使用者體驗購物流程是否暢通的關鍵。

2　獨特演算法：貨找人

美國調查公司CB Insights在二〇二一年三月公布，獨角獸公司[6]的最新排行榜[7]。壓制美國太空開發企業SpaceX[8]、**登上第一名的是經營SNS的抖音有限公司**。這麼巨大的獨角獸公司在舉手投足間，讓世界關注其股票何時會上市。

截至二〇二一年九月為止，抖音在全世界的單日活躍使用者人數（DAU）為六億人，MAU為十億人。平均觀看時間和下載次數在SNS中是世界第一（見下

5　第五代行動通訊系統，其效能目標是高資料速率、減少延遲、節省能源、降低成本、提高系統容量和大規模裝置連接。
6　成立不到十年、估值超過十億美金的未上市新創企業。
7　參考自CB Insights的〈獨角獸公司完整名單〉（*The Complete List Of Unicorn Companies*）。
8　美國航太廠。二〇〇二年由伊隆．馬斯克（Elon Musk）創辦。二〇〇八年首次讓液體燃料火箭飛行。

頁圖 3-1）。

另外，抖音的廣告收入也很高。美國調查公司 Insider Intelligence 的報告[9]指出，抖音在二〇二二年的廣告收入約為一百二十億美金，是上一年的三倍，可望超越 X 和 Snapchat 的總和。更有人預測抖音會在二〇二四年超越 YouTube。

就在長年稱霸 SNS 的臉書（Facebook）出現使用者背離傾向時，抖音則以世代交替的旗手之姿，踏實的增加存在感。

抖音的主要使用者是 Z 世代。

他們占了世界人口約三分之一，是智

圖 3-1　抖音在 SNS 中的下載次數是世界第一。

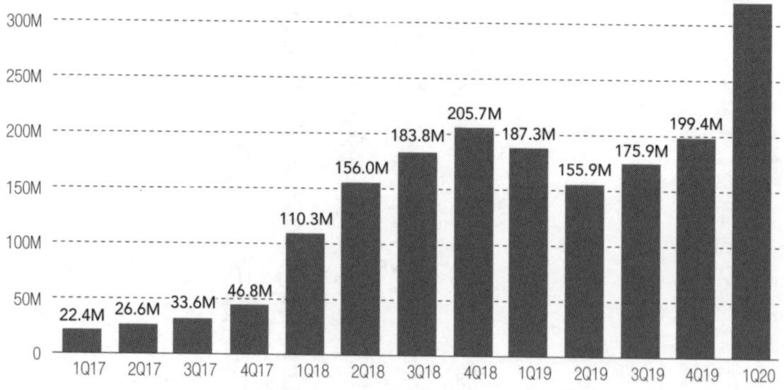

出處：作者根據 sensortower.com 製作而成。

慧型手機原生使用者，平常比起電腦，更擅長用手機蒐集資訊或購物。

他們是撼動今後市場的主要人物，而抖音已抓住他們的心。

使用者可依喜好自行加工

抖音不斷的播放大量短影片。從行銷的觀點來看，這個媒體因左右年輕族群的消費動向而備受矚目。現在以抖音為起點產生的熱潮如下：

- 作家筒井康隆於一九八九年發表的小說《塗口紅的殘像》，突然站上亞馬遜排行榜第九名。一個月再版八萬五千本。
- 地球儀造型的零食「地球軟糖」，其主題標籤（hashtag）「#地球軟糖」創

9　參考自路透社（Reuters）的〈TikTok今年的廣告收入即將超過Twitter與Snap的總和〉（TikTok広告収入、今年はツイッターとスナップの合計超えへ）

下約五億觀看次數，以致缺貨。類似的商品「彈珠汽水風味蕨餅」也受到影響，狂銷熱賣。

- 大阪府的不動產公司為了削減廣告費，開始在抖音上發布影片介紹物件，結果一個月就有一百人次洽詢，簽訂六十件契約。

過去出版的小說和製造商沒有努力做廣告宣傳的基本款商品，突然紅得發紫，這些現象就稱為「抖音熱賣」。在《日經 TRENDY》雜誌的特集「二〇二一年前三十大熱門商品」中，抖音熱賣一詞名列第一。

現在的年輕人不用谷歌等搜尋引擎找想要的東西，而是使用抖音。甚至發明出「抖一下」一詞，不再是「谷歌一下」。

抖音會成為年輕族群趨勢的起點，其中一個原因，是使用者優先的平臺設計，讓他們能開心的發布影片。

抖音和日本音樂著作權協會（簡稱 JASRAC）合作，使用者可以免費把抖音上的音樂放進短影片裡。順帶一提，**從抖音產生熱門金曲的現象很常見**。

另外，**抖音有豐富的濾鏡功能。讓使用者可依喜好加工影片。**

這款App和唱吧一樣具有娛樂性，用一臺手機就可發布資訊，及因獲得追蹤者而提升自我肯定的機制等，讓使用者產出多樣化的影片內容，甚至開創流行。

獨特演算法：貨找人

第二個原因，是亦可稱為**「貨找人」的獨特演算法**。

簡單來說，除了使用者自行搜尋商品之外，抖音從「使用者不見得知道自己真正想要的是什麼」的觀點出發，利用AI

圖3-2　抖音電商：曝光大量短影片，讓使用者「偶然」看到影片。

出處：抖音。

演算並播放適合使用者的推薦影片。對於他們來說，這可以減輕從大量內容中挑選喜愛之物的壓力，如此一來，使用者必然會延長滯留在App上的時間。像這樣大量累積資料，再提升演算法精確度的娛樂轉型模式，抖音還在實踐中。

另一方面，YouTube等影片平臺，則是藉由訂閱頻道和按讚，主動選擇要看什麼影片。雖然這項機制能深入挖掘自己感興趣的領域，卻難以意外發現[10]其他事物，刺激量就減少了。

你以為的「偶然」並不偶然

抖音在中國還具有電商的一面。從二〇二〇年起，抖音發展成融合短影片和電商的事業「抖音電商」。和小紅書一樣，以直播帶貨為主流。直播主接連介紹商品，透過單一窗口就能購買。

藉由大量短影片曝光，讓使用者「偶然」看到商品；高人氣直播主的帶貨直播，踏實的增加轉換數（conversion，成交數）——可以說，短影片和電商強大的標籤，讓抖音電商急速成長。

雖然抖音沒有公開詳細數字，但部分報導[11]也指出「二〇二一年商品交易總額超過人民幣八千億元」。

年輕世代的興趣嗜好和趨勢天天在變，沒人能預測下一個流行是什麼。以往行銷漏斗[12]從認知到購買商品的流程，已經過時了。

使用者開心的看短影片，意思是這些影片發揮了行銷作用，並引導使用者在這個流程中購買商品。可以說，**抖音提供了影片優先的購買體驗**。

10 指偶然注意到原本沒有要找卻很棒的東西。

11 參考自東洋經濟ONLINE〈中國版TikTok「抖音」電商急速成長的理由〉（中国向け TikTok「抖音」、電子商取引が急成長の訳）。

12 marketing funnel。行銷漏斗是以類似倒三角形的漏斗圖，表示「認知→興趣、關心→比較、研究→購買」一連串的購買行為。

3 快手：抖音的最大對手

中國的「短影片×電商」中，快手對抖音緊追不捨。它以不同於抖音的風格，實現影片優先的形式。

相對於抖音的單日活躍人使用者人數約六億人，截至二〇二一年十二月，快手則約有三·二億人。雖然看起來略遜一籌，但使用者人數也約為全中國人口的四分之一，表現十分驚人。另一方面，假如以電商平臺的角度比較兩者，有部分報導指出，在二〇二一年，抖音電商的商品交易總額超過人民幣八千億元，快手則是人民幣六千八百億元，直逼抖音電商。

從這類數字來看，抖音和快手也是「短影片×電商」這類新興科技企業的對手，各方面都被人比較。雖然兩者的商業模式非常類似，但有兩點極為不同。

一是使用者客層。**不只中國，連日本的抖音使用者，都是女性比較多，且以大**

都會區的年輕族群為中心。而快手則以地方都市的使用者居多，帶有真實感的影片一字排開，內容像在擷取一般人的日常生活。

二是設計思維。就如前文所述，**抖音的播放模式屬於演算法型**，從使用者的行為和瀏覽記錄，安排適合的內容和商品出現在其眼前。

相形之下，**快手的播放模式則是訂閱制**，重視社群中使用者之間的關係，小紅書也是如此。再加上該模式讓網紅和追蹤者容易互動，從結果來看和直播帶貨很搭配，所以產生逼近抖音的巨額商品交易總額。

抖音這種演算法播放的優點是容易喚起潛在需求，但也有人指出缺點在於不易營造使用者之間的互動。

直播重心：賣不動產、招募人才

如上所述，快手在直播帶貨有一定的優勢，所有商品都會透過網路直播販賣。格外引人注目的是，就連不動產和中古車這些高價商品都能用直播來賣。比起淘寶直播，快手有直播帶貨高價商品這個強項。

例如，專門販賣不動產的直播主，介紹某個中古公寓物件。

那場直播有一萬名使用者同時觀看，突然出現一則留言：「這個房間的另一側其實很髒吧？」直播主馬上說：「沒有那回事。」然後把攝影機轉過去，拍房間內其他空間。

見到這一幕，觀眾也心服口服。在這樣的過程當中，某個使用者提出要購買，圓滿成交。直播到此結束。

專門探討中國科技和新創企業的媒體36Kr Japan的報導[13]指出，二〇二二年五月連假期間，快手有超過兩百名直播主介紹物件，最後成交約三十件。

中國對於不動產和其他長期資產的投資意願強烈，快手則致力於不動產直播帶貨，延攬許多不動產仲介業者、不動產顧問及其他擁有專業知識的簽約直播主。

此外，快手努力人才招募。他們活用地方都市藍領使用者客層眾多的特性，於二〇二二年二月，在App內的網路直播頁面中追加人才招募功能「快招工」，專攻在工廠上班的藍領階層。無須提交履歷表，只要留下聯絡方式就算完成報名，受理流程簡便，使得報名人數和錄用人數有所增加。

偶然因為影片而認識的夥伴之間會深入交流，甚至覺得「我很想跟你一起工作」，與以往招募時從聚集而來的人才中挑選截然不同，藉由嶄新的思維實現高錄用率。

看直播秀，覺得自己買到了好東西

不動產和人才招募乍看之下與直播帶貨相去甚遠，為什麼會紅起來？

那是因為網路直播不容易魚目混珠，所以容易獲得使用者的信賴。若使用者有疑問，直播主可當場釐清，大幅減輕以往賣方花費的勞力和時間，加快成交速度，而買方則能獲得可信度高的資訊，雙方在彼此滿意度高的情況下完成交易。

13　參考自36Kr Japan〈中國短影音大廠「快手」正式銷售不動產，培育「熱門直播主」〉（中国ショート動画大手「快手」、不動産販売を本格化，「売れるライバー」を育成）

在人才招募方面，透過網路直播可一窺公司的氣氛和文化，保證值得信賴。而且還可以內部推薦，錄用同為SNS上的使用者。

另外，就如第一章提到的娛樂轉型一樣，藉由網路直播將不動產交易當成娛樂展現出來，也是提升成交率的關鍵。

平臺和地產開發商合作，加辦「每小時降價十萬日圓的逆向拍賣」或「限時拍賣」之類的活動，將「一億日圓的物件賣給一個人」的過程，以「秀（演出、表演）」的形式呈現。

既然參加了秀，就會知道自己覺得讚的商品，很多人也會說讚。不動產商品全世界只有一件，正要開始買就被別人買走時，不難想像會有多後悔。

另外，購買者事後看到候補名單和聊天內容，能獲得滿足感和安心感，覺得「自己買到了好東西」。

就像這樣，藉由**影片做直覺式溝通，再加上直播才有的信賴和娛樂感**，即使是高價商品，也能讓使用者享受購買流程暢通無阻的體驗。

4　每個月「泡」在三百本書裡

前面看了抖音和快手這些利用短影音結合電商的案例，接下來要介紹的案例則換個角度，著眼於聲音。雖然聲音內容不是影片，但根本思維和影片優先一樣。

現代網路上充斥數量龐大的內容，爭奪人們的時間。其中**像抖音一樣大量觀賞十五秒左右的短影片，已成為年輕人的特殊消費體驗。**

聲音方面，藉由類似 Spotify[14] 的訂閱音樂服務來聆聽最新歌曲，已成了年輕族群的常識。不過，提供聲音服務的平臺，不再滿足單純用音樂填補使用者的空閒時間，於是決定追加其他內容，增加使用者的消費體驗。

14　瑞典 Spotify Technology 公司經營的音樂串流服務。截至二〇二一年九月底，全世界 MAU 為四億五千六百萬人。

接下來就介紹其代表性案例喜馬拉雅[15]。

喜馬拉雅是號稱中國使用者人數規模最大的聲音內容平臺。截至二〇二一年上半年，App 的下載次數超過六億，MAU 上升到兩億六千兩百萬人。

打開喜馬拉雅 App，裡頭每天發布超過一億個聲音內容，包括小說、商管書、實用書之類的有聲書、英文會話及廣播劇，超過三百種類別可供挑選。

雖然提供的服務接近得到，但和得到不同，喜馬拉雅在持續成長。原因在於內容設計的差異。中國的年輕上班族習慣在工作空檔或搭乘交通工具等空閒時間，聆聽大量的聲音內容。

我問某使用者的感想，對方回答：「我一個月聽三百多本。」他形容自己就像「泡」在書裡。

為什麼一個月可以「泡」在三百本書？

原因其實和抖音一樣，內容篇幅設計不長，幾分鐘就能聽完。

藉由「三分鐘掌握英文會話」、「五分鐘學習經濟學」之類的短篇內容，就能在瑣碎時間聆聽，進而降低購買的門檻。商管書的分量也濃縮到十分之一左右，短時間就能高效吸收。先聽部分內容，要是產生興趣就買書全部看完，藉由這樣的機制就能在聽後馬上購買。最後提升使用者對書籍的滿意度，讓使用者和作者雙贏。

更獨特的是一本商管書會依使用者提供不同濃縮版。這個概念就像知名YouTuber或評論家，擷取影片編輯成約五分鐘短影片。

把內容整理得淺顯易懂、提供有用新聞的主持人，以及用悅耳聲音講解的配音員都會博得好評，進而提升影片價值。

塞滿空檔的消費體驗

年輕世代會隨時隨地打開喜馬拉雅，從搭乘汽車或電車、跑步、工作空檔，甚至睡前，不論在什麼情境下，都會聽聲音內容。

15 上海證大喜馬拉雅網絡科技有限公司經營的聲音內容平臺。二〇一二年開始提供服務。二〇二一年年度銷售額約為營收達人民幣五十八．六億元。

另外，他們為了填補瑣碎時間，會「同時」打開抖音影片和喜馬拉雅的聲音內容。他們擁有兩臺手機或平板電腦，一臺開抖音，另一臺接上耳機，聆聽喜馬拉雅的聲音內容。這種塞滿空檔的做法，也可以稱為「不中斷流程」的購物體驗。

喜馬拉雅獲得年輕族群支持的另一個理由，就在於內容更新速度夠快。該平臺為了因應使用者「想聽新東西」的需求，每天都會釋出最新內容。

雖然日本的播客（podcast）有一定支持度，不過播客給人印象是「累積」，使用者常會聆聽過去的集數。同樣是聲音內容平臺，**播客是「存量型」**（stock），**喜馬拉雅是「流量型」**（flow），或許可以互為對比。

抖音也是流量型，比較符合年輕族群追求最新趨勢的消費傾向。

破壞式創新的特徵整理

● 影片優先

近年來，冗長的文字說明無法在行銷上發揮效果。於是配合這種趨勢，企業採取不用或用極少字的方法。中國某些急速成長的平臺就是將短影片搭配電商，使用影片吸引使用者的目光。

抖音藉由多次播放十五秒左右的影片，提升使用者的心占率[16]，開拓巨大的電商市場；快手則藉由娛樂性高的網路直播，開創不動產、人才招募及其他高價商品的新消費體驗。

聲音也是刺激五感的溝通方式之一。例如，喜瑪拉雅將書籍濃縮成幾分鐘就能

16　譯註：mind share，指品牌在消費者心目中的占有率。

聽完的聲音內容，讓人不花閱讀一本書的時間，就可以大量「泡」在其中。類似的服務正在急速成長。

在現代，企業與消費者的溝通方式，逐漸以打動五感的非語言溝通為主流。

● 年輕族群與趣變化快速

隨著智慧型手機普及，以年輕族群為中心，興趣嗜好的變化速度不斷加快。為了提供流程暢通無阻的購物體驗，企業需要巧妙契合這種速度感的行銷策略。從這一點來看，抖音採取的路線就和以往的行銷策略完全不同。藉由AI演算法推薦最適合的短影音給使用者，進而讓使用者「偶然」發現喜歡的內容和想要的商品。

從抖音熱賣現象可明顯看出，企業在紙上空談行銷策略的時代已不復存在。若企業能從使用者行為推導出適合的策略，並將行銷交給使用者（如前文提到拍影片並發布），就會獲得年輕族群的市占率。

喜馬拉雅能成為中國聲音內容市場數一數二的霸者，也是因為呼應年輕族群的需求，每天持續更新大量的聲音內容。再加上短時間的內容設計，降低購買門檻，也可以說是關鍵。

●同時觀看

影片也好，聲音也好，因想讓使用者觀看體驗暢通無阻，所以內容都製作的非常短。這樣一來，既容易利用瑣碎時間，也能同時視聽不同內容。

抖音以十五秒左右的短影片為中心，不管在何時何地，只要抽出一點時間即可輕鬆觀賞；喜馬拉雅將商業書籍內容濃縮成約十分之一，或是縮成更短的篇幅，如「三分鐘英文會話」等，讓人像「泡」在裡面一樣聆聽大量的聲音內容。

於是，年輕族群就利用這些聲音內容，填滿瑣碎時間。此外，他們還有一個傾向，是在填滿空檔時，喜歡享受多種內容。

一邊在抖音上觀看十五秒左右的短影片，一邊享受喜馬拉雅的聲音內容，就是其中的一個例子。從這一點來看，直覺式的內容或許比較容易和其他短影片或聲音內容同時觀看。

第 4 章

推播媒合系統，比你更懂你

關鍵字 媒合系統

1 誰最懂你的胃？美團外送

某個星期五晚上，你下班回家前去居酒屋喝酒。看了時鐘，現在已經九點了。「要去拉麵店再回家嗎？」正當你這樣想時，手機跳出一則推播通知：「晚上十點起限時特賣，拉麵一碗九百日圓降價到四百五十日圓！」你查了那家拉麵店的資訊，似乎最近剛開張，走幾分鐘就到了。而且拉麵的口味也符合自己的喜好，再加上是半價，沒理由不去。

於是你又點了一杯酒，決定在居酒屋等到晚上十點。

從這則推播通知的內容和傳送時機來看，**手機彷彿看透你的消費行為**，知道你習慣「喝酒後，吃碗拉麵做收尾」。

事實上，科技企業正實現這種有如科幻小說般的世界。

中國的最大型美食網站美團[1]會取得使用者的偏好、點餐記錄、對店家評價，以及其他各式各樣的資料。再根據這些資訊，對個別使用者傳送客製化的內容和符合時機的推播通知。

其實，以上述例子來說，拉麵店也會煩惱「店才剛開張，晚上十點後客人減少」。類似美團這樣的平臺經營者，就會在背後向店家傳送推播通知：這個時間可以對哪種使用者做限時特賣。

就像這樣，消費者和店家的需求，會透過平臺妥善媒合。

再者，假如在利用率低的深夜時段營業，那家店的排名就會瞬間上升。這對於店家來說會成為強力的誘因，實際上類似開頭這種深夜營業的消夜拉麵[2]服務正在增加。

就像這樣，平臺系統靠ＡＩ演算法，隨時自動整合使用者和店家需求。

1　中國經營的最大型美食外送服務。二〇一五年開始提供服務。二〇二〇年年度銷售額約為人民幣一千一百四十七．九億元。

2　譯註：原文「夜鳴き蕎麦」的「夜鳴き」是指夜間攤販的風鈴聲，「蕎麦」在此則泛指拉麵，而不是專指蕎麥麵，所以湊在一起就是「消夜拉麵」。

中國是美食外送大國，所以外送網發達，以美團和餓了麼[3]為中心，幾十分鐘左右將餐點送到指定位置。這類App媒合需求和供給，再加上外送，填補使用者的「空白時間」（按：這裡指使用者沒在交易的時段）。

美團和餓了麼等平臺以龐大的使用者資料和緊密的送貨網為武器，從美食、網購、美容、醫藥品到生鮮食品，陸續擴大經辦的範圍。

新鮮的蔬菜、剛出爐的便當，就連感冒藥都能馬上送達，中國因此延伸出一個笑話——假如伴侶感冒時，另一半沒有馬上送藥過去，就會惹怒對方：「看看人家美團，你到底在搞什麼？」

最尖端科技企業是以怎樣機制，發展出二十四小時服務？後文將詳細介紹。

2 美團演算法，任何時候都能搜到餐廳

在中國城市裡，常看到背著黑底黃標外送袋的腳踏車或機車騎士。雖然乍看之下很像 Uber Eats[4]，但其實這是中國最大型美食外送服務美團的送貨員。

中國互聯網絡信息中心[5]的報導指出，到二〇二一年六月為止，中國內約有四億七千萬人使用美食外送服務，相當於實際總人口三分之一。

3 Ele.me，上海拉扎斯信息科技有限公司經營的美食外送服務。二〇〇九年開始提供服務。二〇一八年年度銷售額約為一兆日圓；二〇二〇年十月，MAU為六千萬人。

4 美國 Uber 公司於二〇一四年創辦的線上美食訂餐和外送平臺。二〇一六年開始在日本、臺灣提供服務，牽引美食外送市場。

5 China Internet Network Information Center，縮寫為 CNNIC。

這幾年來，由於受到新冠疫情以及中國當局清零政策[6]的影響，讓中國境內的美食外送市場大幅成長。

美團和餓了麼就這樣幾乎獨占中國的市場。

尤其美團擁有六七・三％市占率，餓了麼占二六・九％。

美團剛成立時，跟酷朋一樣販賣線上團購型優惠券，直到二〇一五年與大眾點評（類似Tabelog[7]的美食評論網站）合併，比餓了麼晚一步進入美食外送業務。美團藉由評論網站（匯

圖 4-1　中國大都會區常會發現美團的標誌。

出處：CTECH。

集可信度高的口碑）和外送（在短時間送達）的綜效，確立綜合美食平臺應有的地位，與走在市場前端的餓了麼大幅拉開距離。

近年來，美團的業務領域更擴大到生活所有層面，像是搜尋和預約飯店、共享腳踏車、計程車配車及生鮮食品電商等。

美團在二〇一八年九月在香港證券交易所上市。二〇二一年六月的時價總值為一千四百九十六億美金，僅次於中國科技企業中的騰訊[8]和阿里巴巴集團，位居第三，被視為足以威脅 BAT[9]。

6　一種應對傳染病（尤其是嚴重特殊傳染性肺炎）的防疫政策。發現一例確診病例時，即在醫學收治的同時進行流行病學調查、隔離一切有接觸可能性人員、控制病毒的影響範圍，以減少傳播和確診人數。

7　日本最大的美食評論網站，由價格.com股份公司經營。截至二〇二三年一月為止，刊登餐廳數八十四萬家以上，每個月約有九千萬人使用。

8　Tencent，與阿里巴巴集團齊名的中國最大級科技企業集團。

9　取自百度（Baidu）、阿里巴巴集團（Alibaba Group）及騰訊（Tencent）這三家中國最大型科技企業集團的開頭字母。

以一平方公里來區隔市場

美團不只涉略美食，而是從生活各層面確立「馬上收到想要的東西」的社會基礎建設。該商業模式有好幾個關鍵，值得特別一提的是細分市場區隔。

美團口碑網站的評價名次，是依照使用者所在位置的一至二平方公里的範圍來排序，就算不是知名店家也有機會排名靠前。

這種藉由細分市場區隔來建立的排名系統，和唱吧一樣。只是，中國的餐廳數量多到日本不能相比，即使是兩平方公里內，很可能就有超過兩千間店。也就是說，要在眾多競爭者中獲得前面名次並不容易。

於是，**美團建構出一套獨特的演算法**——某間店在深夜或其他餐廳店休時營業的話，排名就會往前。或許是希望自己的店的排名能擠到前面，類似開頭這種看準競爭對手休息時營業的餐廳就增加了。

再者，因為範圍狹小，所以就算是小規模店家也能打出有效果的廣告，提升廣告的盈利能力。舉例來說，會跳出「晚上十點起，〇〇半價」之類的手機推播通知，於是，就像開頭的案例一樣，使用者本來打算「在晚上九點吃晚餐」，看到通知後，不自覺受到誘導，「既然晚上十點後有折扣，再等一小時好了」。

這樣一來，即使在App使用率下降的時段，許多餐廳也會營業，就算使用者不去店裡，餐點也會在短時間內送到家中。

美團媒合所有時段的需求和供給，讓使用者不管在什麼時候打開App，都能找到餐廳點餐。

順帶一提，不只使用者能在美團的美食網站上評論店家，其

圖 4-2　詳盡的市場區隔解決使用者需求。

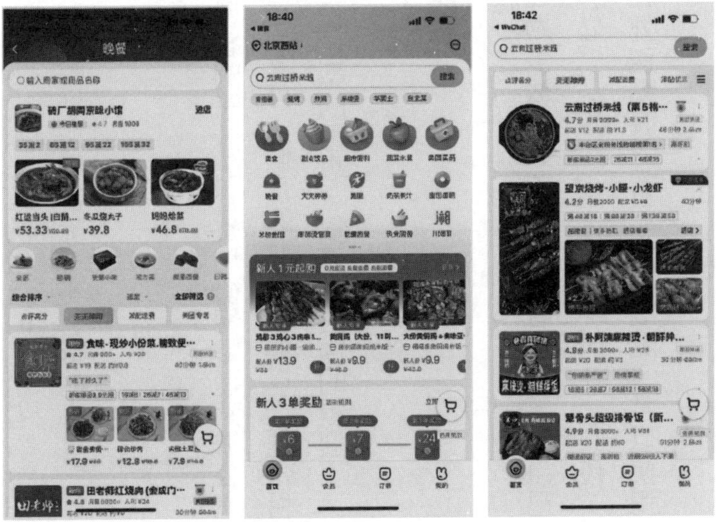

出處：美團。

實店家也會評論使用者（不公開）。店家資料不會顯示給評價低的使用者看，如此一來，那名使用者就不會來光顧。這種機制能幫助店家排除「不喜歡的客人」，可說是一大優點。

除此之外，美團還提供「未來」交易。

舉例來說，某餐廳強打的服務，是將營養師設計的營養均衡便當送到辦公室。該餐廳透過美團App發出通知，宣傳「只要支付一個月的訂金，就以一餐六百日圓的價格，提供八百日圓的菜色」。這種預付型的優惠，很受上班族的歡迎。

除了交易紀錄，還算出最短外送路徑

美團能像這樣整合需求和供給，是透過手機App蒐集使用者資料。有自己的支付系統，能細微掌握每位使用者的消費行為，例如「某人在哪天的什麼時段，點了哪家餐廳的餐點」。而且，店內用餐和外送點餐的資訊也不凌亂，常以使用者ID為基準同步更新。

美團不只會蒐集交易相關的資料，也蒐集用腳踏車或機車送貨時的路線資料，並透過ＡＩ分析，隨時精進送貨路徑的準確度。

「輕鬆發現想要的東西，以划算的價格購買，且在短時間內送到家」，美團建立的平臺以豐富的使用者資料為武器，開創體驗價值。

美團於二〇一八年開設超級市場和便利商店導向的送貨服務「美團閃購」；二〇二一年開設醫療保健服務「百壽健康」，順利將服務領域從飲食擴大到生鮮食品、美容及醫藥品。

累積眾多資料，懂得掌握更詳盡的使用者資訊，美團的進程堪稱是世界平臺經營者的勝利之道。

3 你餓了麼，在家等就好

在中國，外送App僅次於美團（市占率六七．三％）的是阿里巴巴旗下的餓了麼（市占率二六．九％）。

餓了麼的外送袋是水藍色，這是阿里巴巴集團企業代表色。不同於美團的做法「填補空白」（按：指不管何時打開App，都有店家在營業，讓使用者可以購買餐點或商品）。餓了麼的經營關鍵字是「超級市場」。

二〇〇九年，上海交通大學校友為了該校學生，創辦提供美食外送服務的新創企業餓了麼。藉由人海戰術，踏實的搜索並逐步增加送貨地點和註冊店家，從服務對象為大學生的小眾外送服務，漸漸成為中國美食外送市場的開拓者。

爾後，餓了麼與後起之秀美團爭奪市占率，二〇一七年接受阿里巴巴集團的出資，讓該集團成為大股東。同年併購美食外送市場中的競爭者「百度外賣」

（Baidu Takeaway）。到了二〇一八年，**餓了麼成為阿里巴巴集團的完全子公司。**

二〇二〇年七月，餓了麼宣布「要從美食外送升級為在地貼心服務App」。接著活用阿里巴巴集團的資金和豐富的使用者資料，不只從事和美團一樣的美食外送，還將服務的範圍擴展到所有的生活領域。

雖然餓了麼在市占率

圖 4-3　餓了麼不只送美食，也能送日常用品。

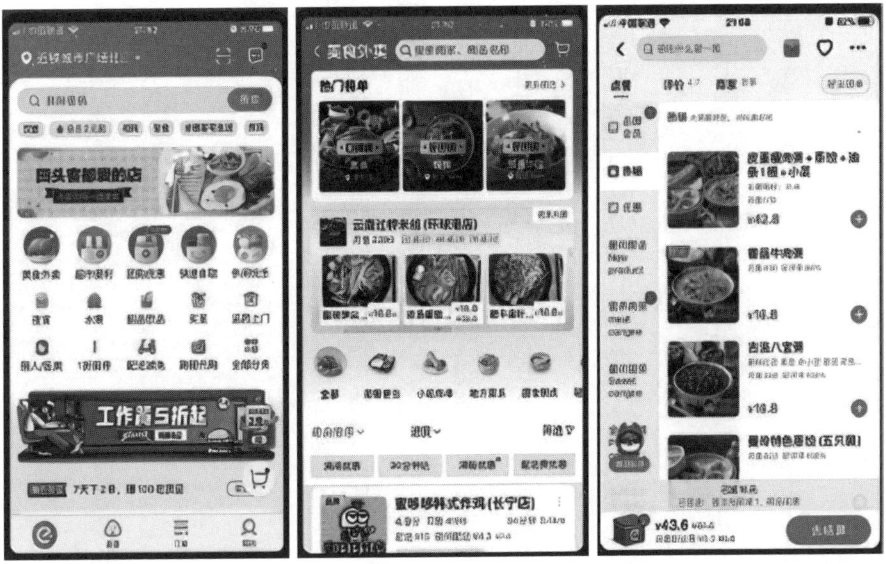

出處：餓了麼。

之爭比不上美團，但它無疑改變了中國人的消費行為，讓人從「出門買想要的東西」大幅轉換為「在家等商家送來想買的東西」。

與實體門市合作的獨家送貨服務

餓了麼活用身為阿里巴巴集團子公司的優點，營造獨特的顧客體驗。其中之一就是與該集團直營的超級市場、便利商店及其他實體門市合作。

這裡先以阿里巴巴的超級市場盒馬鮮生為例。這間店充滿娛樂要素，像是海鮮專櫃的池子裡有活魚、蝦子、螃蟹和其他生物在游泳，顧客甚至可以徒手抓伊勢蝦。另外，每個魚貝類會附上 QR Code，能查看產銷履歷資訊[10]。

店裡有許多追求新鮮度和安全性的產品，例如擠奶後不超過十二小時的牛奶、採收後八小時內的水果，這種服務就稱為「全球速賣通」。

雖說顧客也可以到盒馬實體店購物，不過線上外送十分方便。比如現打果汁、奶昔、海鮮丼、牛丼及其他便當，在店內製作完成後，最快在十五分鐘內送到家中。因此，線上外送占總銷售額約一半。

盒馬店內的天花板布滿輸送帶，經過揀選的宅配食物懸吊在掛架上不斷移動。這些食物會由在各個出口待命的餓了麼駕駛員領取，送到訂購者的家中。

頂尖科技和人工系統共存在一個空間內，實在令人驚奇。

最尖端的超市像這樣開創獨特的顧客體驗，成為餓了麼的優勢：

圖 4-4 徒手抓蝦、刷 QR Code 查魚貝類資訊，盒馬鮮生店內充滿娛樂。

出處：搜狐號。

10 traceability information，從商品生產、流通、消費到廢棄皆可供追蹤的資訊。主要用在農產品及其他食品上。產銷履歷的英文（traceability）是由追蹤（trace）和能力（ability）組合而成。

人民前往超市，直接挑選和購買新鮮的食材相當耗時。餓了麼將這樣的行為當作獲利機會，以不損超市特有優點的方式，將產品送到消費者的家。

靠支付系統取得使用者資料

活用阿里巴巴集團支付系統支付寶的資料，是餓了麼的強項之一。關於支付寶會在其他章節詳細說明，這裡先簡單介紹。中國具代表性的支付系統有支付寶和微信的微信支付[11]兩種。

支付寶在電商當中掌握約半數的市占率，截至二〇一九年六月，其使用者人數超過十二億人。因為擁有這份龐大的支付資料，手機收到的推播通知才能發出反映個別使用者的消費行為。

比如到了母親節，會收到「要不要買花給母親？」等訊息，這時若打開餓了麼App，便可看到各種花束服務的畫面。使用者可根據自身預算和店家出貨時間，從中選出最佳服務，幾十分鐘之後就可以拿到東西。餓了麼時時媒合需求和供給。

除了支付寶的龐大支付資料外，**阿里巴巴集團還開發出類似 Apple Watch 的智慧型手錶，從中蒐集使用者的保健資料**。相信不久之後，會設計出其他功能，例如藉由推播通知，向患有糖尿病的使用者推薦「不讓血糖驟升的料理」。

11 中國騰訊提供的無現金支付系統。

4 瑞幸咖啡，如假包換的科技企業

美團和餓了麼等美食平臺，上面有各式各樣的商品。這次要介紹的企業雖然專攻一項商品，但一樣透過整合消費者需求來獲利。

「上海是全球最多咖啡店的城市」——二〇二一年十一月五日，這則網路新聞成為網路媒體的趨勢話題。同一天《人民網日文版》[12]指出：「上海市現在的咖啡店共有六千九百一十三間，數量遠多於紐約、倫敦以及東京，是世界上咖啡店最多的城市。」

中國最通俗的飲料是茶，以前幾乎沒有喝咖啡的習慣。今天星巴克[13]開設超過五千間門市，咖啡店文化正在中國蔓延。日系企業如 PRONTO[14]、客美多咖啡[15]及羅多倫[16]紛紛進軍中國。

在二〇一七年，中國新興咖啡連鎖店瑞幸咖啡[17]突然登場，更以破竹之勢擴大規模。以馴鹿圖案為商標的瑞幸咖啡，其策略概念實在單純明快：費用只有星巴克一半，但咖啡品質跟星巴克一樣。

星巴克的概念是提供既非職場亦非家庭的「第三空間」（third place），而瑞幸咖啡則鎖定外帶市場，將門市面積和人事費壓到最低，進而實現高品質低價格的咖啡服務。

這項對抗星巴克的低成本策略正中核心，瑞幸咖啡才創辦一年多就突破兩千間

---

12 人民網日文版〈上海是全球最多咖啡店的城市〉（上海市のコーヒーショップの数が世界最多に）。

13 Starbucks，創辦於美國西雅圖的世界最大級咖啡連鎖店。擴展到世界八十四個國家，到二〇二二年四月為止，門市數約為三萬五千間店。日本於一九九六年開設第一號店。

14 PRONTO corporation 股份公司經營的日本喫茶連鎖店。一九八八年創辦。

15 KOMEDA'S Coffee，發祥於愛知縣名古屋市的喫茶連鎖店。一九六八年創辦。截至二〇二三年五月，門市數為九百五十間。

16 Doutor，到二〇二三年一月為止，日本內展店一千零六十四間，是日本最大級喫茶連鎖店。一九八〇年在原宿開設第一號店。

17 中國最大咖啡連鎖店。二〇一七年開始提供服務。二〇二一年年度銷售額約人民幣七十九·六五三億元，於二〇二二年三月為止，門市數為六千五百八十間店。

門市，成為當時中國企業中最快成功的獨角獸公司。

到了在二〇一九年五月，僅設立十八個月的瑞幸咖啡就在美國那斯達克上市。

然而，到了二〇二〇年四月，瑞幸咖啡被人發現做假帳虛報銷售額，於是在同年六月，從那斯達克下市，當時的執行長（CEO）以及營運長（COO）也被解任，甚至在美國申請破產。

不過，瑞幸咖啡改革經營團隊，努力處理假帳問題，過

圖 4-5　瑞幸咖啡把門市面積和人事費壓到最低。

出處：瑞幸咖啡。

了一年就成功轉為黑字。門市數更在二〇二一年時達到六千零二十四間，超過星巴克的五千五百五十七間。瑞幸咖啡創業當初宣告要「贏過星巴克」，創辦四年就漂亮的達成目標，名符其實成為中國最大的咖啡連鎖店品牌。

看顧客，給折扣

瑞幸咖啡這齣「復活劇」，顯示當初的商業模式沒有失去消費者的支持，也可說是符合中國對價格敏感的國民性。

只不過，本書目的是介紹世界科技企業的最新動向。**瑞幸咖啡**也不是單純的咖啡連鎖店，其**真面目是如假包換的科技企業**。

瑞幸咖啡的消費方式是顧客用手機App點餐，選好品項下訂後，再選擇前往門市領取或是宅配。瑞幸咖啡生意的關鍵，就是透過App取得大量的使用者資料，AI演算法則在背後運作。

這樣一來，即使是同樣的商品，也可以針對使用者降為半價或三分之二，配合門市或使用者訂出不同的個人化價格，接著用推播通知宣傳。另外，還可以提供各種折扣，像是「兩人買就打折」、「購買五千日圓的票券就半價」等。

假如某門市利用率差，App 就會分類周圍且對折扣敏感的使用者，藉由推播通知傳送打折優惠。從使用者資料就能掌握消費行為，知道「這個使用者沒打多少折就不買」，推播通知的內容也可以常保最佳化。從某個意義來說，這個系統也很接

圖 4-6　瑞幸咖啡的 App 系統，根據使用者給折扣

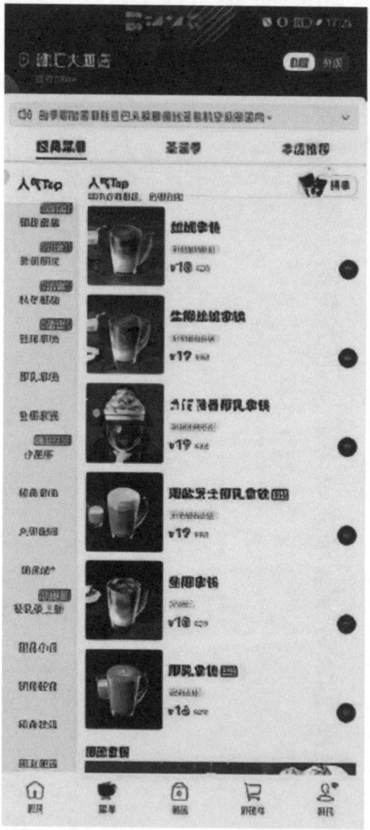

出處：瑞幸咖啡。

近動態定價（Dynamic Pricing，詳情見第七章）。

一看就懂，任何人都會用

另外，瑞幸咖啡就連使用者的位置資訊，都可以從智慧型手機即時觀看。顯示這項資訊的商業智慧工具[18]非常優秀，比如以「紅點是二十幾歲的女性」、「藍點是十幾歲的男姓」及其他視覺化的方式，顯示在儀表板上。哪種屬性的人在什麼地方買了多少咖啡，熱點圖（heat map）中就一目了然。

有了這個商業智慧工具，就算沒有資料分析的專家，也能一眼看出「哪個地區咖啡賣得掉或賣不掉」。即使是不擅長統整資料的員工也會冒出許多點子，有時甚至獲得採用。

18 BI tool，BI是Business Intelligence的簡稱。商業智慧工具則能將企業活動當中所有資料匯集、分析及加工。

雖然我們往往將目光投向蒐集資料和AI分析的科技上，不過瑞幸咖啡的系統將結果視覺化（讓人一看就懂），也是世界科技企業非常值得學習的地方。

這間公司克服美國下市的危機，短時間內成功打倒星巴克，對於其他中國新興企業來說是優秀的榜樣，模仿該公司成功經驗的各種飲料服務應運而生。起司茶專賣店喜茶[19]（見圖4-7）就是其中的代表。

喜茶以中國茶配水果和奶

圖 4-7　根據消費者的購買記錄，提供客製化飲料。

出處：作者攝影。

油起司的獨家調味，大受追求健康的年輕人歡迎，從二〇一八年起發展出「喜茶GO」服務，用App訂購，飲料可在專用櫃領取。

透過App取得使用者購買記錄、消費高峰時段及其他資料，經由AI分析提升購買體驗的模式，正是瑞幸咖啡建立的常規。

19 二〇一二年創辦的中國茶連鎖店。以起司茶博得好評，二〇二〇年十二月止，在國內外展店六百九十五間。

破壞式創新的特徵整理

●媒合系統

世界最尖端的科技企業中，行銷已由ＡＩ負責而不是人類。

就算總公司的行銷人員沒有坐在桌前拚命思考人物誌，只要透過應用程式，使用者資料會自動匯集和累積，再由ＡＩ二十四小時不斷的分析，便能顯示出使用者的消費傾向。

根據這份資訊傳送推播通知，再核對結果，如此反覆快速驗證假設後，自然會提升所有時段需求和供給的媒合精確度。

另外，類似美團或餓了麼這樣的外送服務平臺，也會蒐集所有的送貨路線資料，再由ＡＩ來分析。從使用者屬性、訂購記錄、交易內容到移動路線，將所有的資料以使用者ＩＤ為基準統整之後，讓使用者形象更加立體。

●推播，影響買賣家的行動

世界科技企業不會慢慢等待使用者給予反饋。他們擁有媒合系統，時時藉由推播來誘導使用者和店家。例如，美團或餓了麼透過ＡＩ分析「什麼人想買哪種商品，會買幾個」，再根據個別使用者的消費行為，天天發送客製化的推播通知。

他們對消費行為掌握到「要打幾折，某使用者才會買」的程度，所以會根據使用者的特性，提出不同的折扣。

順帶一提，企業並不擔心推播通知會讓使用者厭煩，因為ＡＩ針對使用者，在適當時機提供內容。

不只是使用者，餐廳也會收到推播通知。美團或餓了麼會藉由細微的市場區隔和排名系統，提醒餐廳「現在這個時間想吃沙拉的人增加這麼多」、「營業時間要不要延長到幾點」。促使店家「趁競爭對手關店時集客」，即使在利用率低的深夜時段也會開張。

就使用者看來，能隨時以划算的價格購物，短時間內送到家，想必沒有比這更方便的消費體驗。當然，這背後則是平臺方**施加限制來誘導使用者，進而改變人們**

的生活方式。

●預付型服務

除了前述兩點外，現在也流行預付型服務，也就是事先支付費用，一次購買未來幾個月或幾年後的產品。

除了前文曾介紹的辦公室午餐（先付錢買未來一個月的便當），其實連美容、健身及其他許多領域中，也常看到預付型的打折服務。

舉例來說，個人訓練健身房一個月的費用是一萬五千日圓。這家健身房向你提出預付型打折服務方案，只要簽約五年且費用一次繳清，那麼月費就以八千日圓來計算。

有趣的是，你購買時可能刷卡分期，所以不必一次支付總價四十八萬日圓（八千日圓×十二個月×五年）。而是每個月繳八千日圓帳單。換句話說，單從結果來看，一個月的費用就從一萬五千日圓折抵到八千日圓。

另外，你可以向認識的人推薦「那間健身房很棒，要不要去一次看看」，以一萬日圓的價格向對方販賣八千日圓的票券，藉此賺到兩千日元的差額。

個人教練也可以購買一百萬日圓的健身房回數券，再以高於自己應得的金額賣給使用者。健身房會自動集客，教練沒有必要擁有自己專用的健身房。

再者，健身房還備有二次流通的平臺，期間要從健身房中途退會的人，就可以轉賣會員權利，避免預付的風險。對於健身房來說，就算有人退會轉賣會員權，實質上會員數也沒有減少。會員數會一直維持原樣或增加，財務就會穩定，藉由豐富的現金一口氣加速展店。

第 5 章

你做壞事？AI 比老天更早知道

關鍵字　信用評分

1 當信用能被看見時

「我的信用評分超過七百……不跟我交往嗎？」一位女子正在視訊，她的手機畫面上，出現身材高䠷，看似精英的男子。這是連續劇的一幕。

男性除了好看，還有年收入高、在一流企業工作等條件，就會被人稱為「高富帥」。在中國不只靠這種屬性資料，還會透過各種管道評估一個人。主要的判斷標準大致如下：

- 公共事業費的支付記錄（如水、電、瓦斯、電信費及其他公共服務費用）。
- 名下不動產、車子及其他資產。
- 信用卡及其他信用記錄。
- SNS上的交友關係。

• 電商和其他購物記錄。

企業會以行動支付App為中心，將這些資料統統蒐集起來。

中國急速推動無現金化，所有人都用一臺手機完成支付。電商就不用說了，就連實體百貨公司、超級市場、便利商店及路邊攤，都有QR Code，只要掃描，就能輕鬆完成交易。不僅如此，連付公共事業費跟繳稅，也可以用手機辦妥，幾乎所有交易都會記在支付App上。

行動支付市場存在兩股龐大的勢力——阿里巴巴集團的支付寶和騰訊的微信支付，擁有超過九成市占率。

下頁圖5-1是根據聯合國資本開發基金（UNCDF）彙整的報告，顯示中國行動支付市場規模的演變。在二〇一六年，將支付寶和微信支付加總後，行動支付金額達到兩兆九千億美元，比二〇一二年起多了約二十倍。

AI藉由分析支付資料，來評估每個人的購買能力、納稅、持有資產的狀況及消費傾向，再以量化方式替信用評分。

中國科技企業信用評分的對策，發端於二〇一四年六月中國國務院公布的《社會信用體系建設規劃綱要》，其中更指出應在二〇二〇年以前將社會信用體系導入全國。

二〇一五年一月，中國人民銀行（中央銀行）批准八家民間企業投入信用評分服務的開業籌備工作，展開由民間主導的信用評分建設專案。

於是，阿里巴巴集團在二〇一五年裝設第一個信用評分體系芝麻信用。而騰訊在二〇一九年發布微信支付分。

這些評分系統將以往肉眼看不見的個人信用，化為可見指標。

圖 5-1　中國行動支付的市場規模比較。

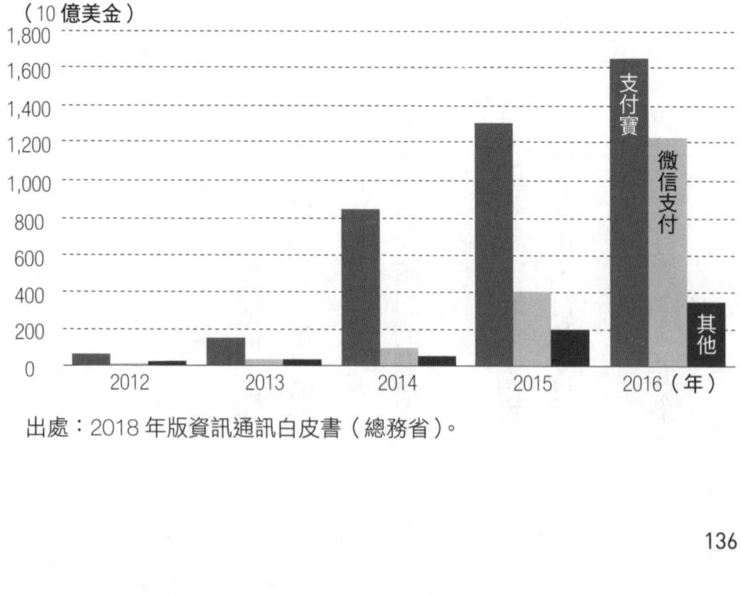

出處：2018 年版資訊通訊白皮書（總務省）。

於是，擁有一定以上分數的人，能在生活上享受到各式各樣的優惠，像是在使用共享服務或融資時，大幅縮短審查和手續時間。相反的，遲繳公共事業費或拖欠不還租賃用品等行為，則會受到處罰，也就是降低信用評分。

只要信用評分像這樣滲透到日常中，自然會激勵人們「希望能提升更多分數」、「不希望降低評分」。結果，社會和企業眼中的負面行為就會減少，大幅削減維護社會秩序和交易的成本。

中國的信用評分體系強化其影響力，超越民間企業信貸體系的範圍，甚至控制整個社會的治理。本章將提到芝麻信用作為其代表。其機制和帶給社會的影響力，給人覺得像在閱讀科幻小說，從倫理觀點來看或許會感到異樣。

然而，這是海洋彼岸國度的現實。姑且不論其是非，相信這會為我們的商務帶來不少啟發。

2 五項標準，算出你的信用

如前所述，中國的行動支付市場中，支付寶和微信支付加起來有九成市占率。支付寶在中國電商支付服務中，市占率約一半。

芝麻信用以支付寶的市占率為後盾，在信用評分領域搶先一步。

購物紀錄、稅金、保險資料都匯集到帳號裡

阿里巴巴集團以淘寶和天貓電商購物中心為首，旗下擁有信用卡、消費者金融[1]、融資、租賃及其他金融服務，也有飯店、不動產、租車、旅行、結婚戀愛等各種類型的企業，形成巨大經濟圈。

這些服務的支付方式是支付寶，所以其 App 能匯集龐大的購買資料。另外，

人們繳納稅金、社會保險費及其他費用時也會使用支付寶。

再者，阿里巴巴集團以外的各大企業和機構（其數量達到幾百），也以資料夥伴的身分合作，包含最高人民法院和其他法院。也就是說，阿里巴巴集團能獲得失信被執行人[2]名單，或法院干預的經濟紛爭判決書等，這些直接涉及信用的資料。

從各種服務和機構蒐集的資訊，會藉由帳號連結到每個人，累積成龐大的個人訊息。接著透過 AI 評估，開發出獨特的分級信用評分體系，也就是芝麻信用。

五項評估標準，算出信用評分

信用評分會根據以下評估標準綜合算出（見下頁圖5-2）：

1　接受金融服務業提供金融商品或服務者。
2　經過中國各級人民法院所認定「執行人具有履行能力，卻不履行生效法律文書確定的義務」的人員。

1. 身分特質：身分、年齡、籍貫、學歷、職業、駕照等。

2. 履約能力：履行支付的能力、穩定經濟來源、所持不動產、車子及其他資產。

3. 信用歷史：信用卡和其他信用記錄及購買歷史。

4. 人脈關係：從SNS和其他各種帳號來評估交友關係。

5. 行為偏好：關於消費的特徵、購物內容、支付、匯款等的特徵。

看了這個就會知道，不只是屬性資料，從「過去買了什麼」和「稅金或公

圖 5-2　藉由 5 項評估標準決定你的信用分數。

出處：芝麻信用。

共事業費是否準時繳納」的支付記錄，到當事人的興趣嗜好，從不同方面算出信用分數。其中讓人驚訝的就是人脈關係，讓人忍不住想：「這種東西也能計算？」

支付寶的資料與SNS帳號連結，就連交流關係也會成為評分對象。

假如你某位朋友存在某些問題，若他屬於你一萬位朋友中之一，倒是無妨，但若你十位朋友中就有一個這種人，系統便認為「你也有問題」，所以評分就會低。

根據這五項標準算出的綜合分數，依照高低會劃分為五個階段，最低為三百五十分，最高為九百五十分。超過六百分會被認定為好消費者，超過七百分則可證明是相當優良（見下頁圖5-3）。

維持社會秩序的機制：糖果和鞭子

擁有一定信用評分的消費者，可在生活中享受到優惠措施（見一四三頁圖5-5）。換句話說，信用評分在日常所有情境中，成為人們無意識之間的「規律」。

中國醫院通常要預付診療費，不過評分在六百五十分以上的患者能免除預付，

圖 5-3　芝麻信用評分表。

評分	最重要關鍵字
700 ～ 950	信用極好
650 ～ 700	信用優秀
600 ～ 650	信用良好
550 ～ 600	信用中等
350 ～ 550	信用較差

出處：根據 2018 年版資訊通訊白皮書（總務省）製作而成。

圖 5-4　打開 App，就能輕鬆查看自己的評分。

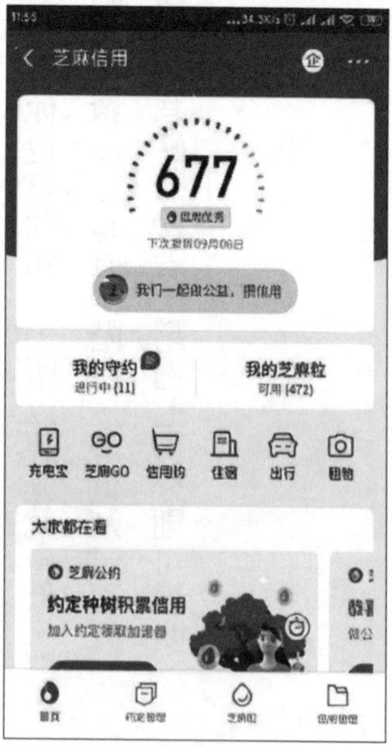

出處：芝麻信用。

圖 5-5　信用評分 650 分以上的顧客，能享受到的主要優惠措施。

優惠措施	內容
共享腳踏車免押金	在5家共享腳踏車公司租借時，不用付押金和使用費（僅限部分地區和企業）。
租賃電動車免押金	可免除租車押金。
借書服務免押金	可享有首次免押金送書到府（還書運費由讀者負擔）。
雨傘免費租賃	免費享有速食店或便利商店提供的租賃雨傘服務。
預訂飯店免押金	中國部分飯店預訂時需要支付押金或住宿費，評分高的人有時可以免除。
交友App優先介紹對象	優先替部分交友App當中信用評分高的使用者介紹對象。

出處：根據 2018 年版資訊通訊白皮書（總務省）製作而成。

有助於緩和醫院的壅塞。相反的，遇到對診療或治療結果表明不滿的患者，有些醫院會給予低分作為處罰。

在司法領域中，法院會以資料夥伴的身分，與芝麻信用分享滯納罰金者的相關資訊。沒有支付罰金或訴訟費用的使用者，就會降低評分。

除此之外，飛機和其他公共交通工具也會拒絕低分者搭乘。

從公共交通工具、醫療服務、行政手續到媒合 App，芝麻信用的信用評分深深滲透到人們的生活中，甚至已經算是「社會基礎建設」。

信用評分高的人就給予優惠措施（糖果），脫離社會規範的人，則被降低信用評分或是停止服務（鞭子）——藉由這道機制，控制人們的行動，以遵守社會秩序，並在各種領域中實現提升服務品質或消費行為（見左頁圖 5-6）。

再者，城市到處都會設置 AI 攝影機，甚至連誰採取什麼行動，跟誰在一起都會遭到監視，逐一反映在評分上。

小時候做了壞事，大人常說「就算沒有人看到，老天也會看著你」，但在中國卻是「AI 也會看著你」。

另外，信用評分會每個月更新。

避免遲還或遲繳就不用說了，只要能證明自己有做好事、有所成長，例如參與志工活動、捐獻或取得新證照，就可以提高分數。

前文提到五項評估標準中的「行為偏好」，在評分裡占了二五％。換句話說，只要透過支付寶購物或支付公共事業費，就會提高分數，進而讓人們主動使用支付寶。

圖 5-6　藉由芝麻信用的評分，改善服務或消費行為。

服務	改善案例
飯店	登記入住時間從10分鐘縮短為45秒。 退房所須時間從4至5分鐘縮短為18秒。
租車	租金賴帳減少52%、違約罰金賴帳減少27%。
共享腳踏車	新使用者原本註冊要花10分鐘，縮短為1分鐘。
醫院	診察和付費時等待時間削減60%。

出處：根據全國城市免押報告（芝麻信用）製作而成。

信用評分擴大商業生態系統

阿里巴巴集團每年會投資兩百家到四百家新創企業，並將這些企業拉攏到自家集團，讓他們與支付寶合作建立支付體系，進而獲取更多的資料，提高信用評分的精確度。

某家企業將上市獲得的資本利得，重新投資到下一個企業中，再蒐集資料，提高信用評分的精確度——阿里巴巴利用這套方法建立出龐大的商業生態系統，微信支付也發展出一樣的商業模式。兩大陣營靠信用評分控制人們，這是中國科技巨人的實際面貌。

雖說類似芝麻信用把個人的各種資料化為數值，試圖控制社會治理的動向，開始受到批評，如監視社會、助長社會分裂等。只不過，事實是現在藉由信用評分，確實做到削減交易成本、改善服務、違法的人減少等。

有負面意見很正常，但我認為能從中「能學到什麼」的態度，更為重要。

類似芝麻信用的信用評分系統擁有力量，讓中國製造商、服務營運者及支付系統營運者這三者之間的權力平衡呈現出某種變化。

舉個淺顯易懂的例子：為了Uber[3]之類的配車服務，需要增產汽車。以日本來說，可以看到傳統權力平衡（見下頁圖5-7），像豐田這樣製造商站在金字塔頂點，決定汽車產量。服務營運者以及次要的支付系統營運者，只能聽從其決定。

但像中國這樣信用評分深入生活的國家，這項傳統老早就有所變化。首先，擴大配車服務需要多少汽車，從該觀點決定汽車生產量，再下單給製造商生產。

然而業務需求有多少，今後規模有多大，則取決於支付系統營運者提供什麼資料。再者，透過信用評分可降低交易或者是排除疑難的成本。換句話說，「跟哪家支付系統營運者聯手」，將會大幅左右配車服務的業務發展。

3　美國Uber科技公司經營的配車服務。二〇〇九年開始提供服務。與一般的計程車不同，Uber用到媒合個別駕駛員和使用者的系統，屬於共享經濟（sharing economy）的代表性服務之一。

圖 5-7　傳統的權力平衡。

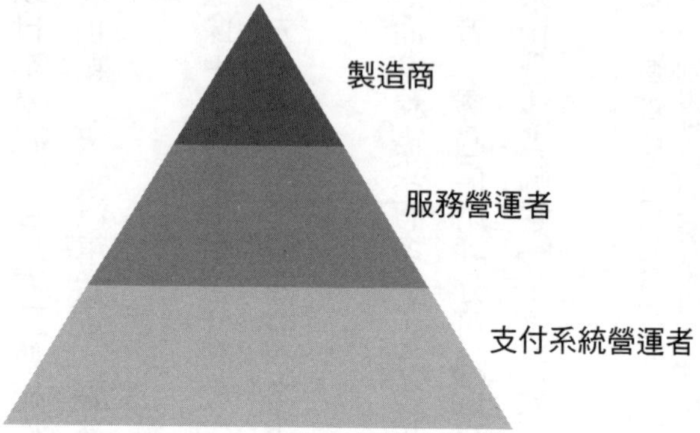

圖 5-8　新型的權力平衡。

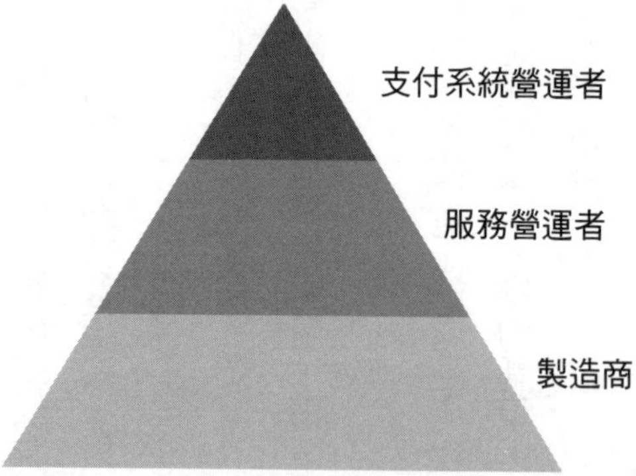

支付系統營運者以龐大的支付資料為武器，靠評分誘導使用者，以擁有最強大的力量，讓服務營運者馬首是瞻。他們再依照服務營運者的需求，決定製造商的生產量。中國正發展出這種新型權力平衡（見右頁圖5-8）。

破壞式創新的特徵整理

● 整合信用資訊

本章介紹芝麻信用這項信用評分的案例，或許有人覺得難以想像。不過，各類服務和評分體系藉由合作，提升彼此的服務品質，還為使用者帶來優惠，這一點非常值得各企業學習。

舉個淺顯易懂的例子，微信支付會對沒有歸還租賃商品的使用者，發送「停用微信」的訊息，以日本來說，就像 LINE 被停用一樣，生活會非常不便，信用評分也會下降，所以光是這一條訊息，就會大幅改善歸還率。

這則案例正好可以說明，通訊軟體和租賃服務兩種相異的服務加乘後，就會減少社會成本。

還有個例子，是同行之間共有評分體系。

許多連鎖飯店設有會員制，依照使用頻率提供黃金或白金會員之類的優惠。

在中國某個飯店的網站上，只要使用者成為網站內其中一間飯店的白金會員，那麼只要有在該網站上註冊的飯店，使用者也可以享有白金會員資格。這套做法比單一飯店會員制的價值還要高，也能為集客加分。

另外，飯店的會員等級提升之後，還可以超越同行的藩籬，到航空公司、停車場、電影院及購物中心等地進行會籍匹配（status match，指取得一家公司的會員資格後，向另一家公司申請同等級的會員資格），進而獲得優惠。

不管同行或異業，自家公司的服務或評分體系跟什麼企業、業界合作，產生什麼價值，從這個觀點來看，這些科技企業值得學習的地方就很多了。

● 導入信用評分，提供非凡的優惠

假如問被信用評分「估值」的中國人，是否覺得行動遭到監視、個資遭到不當濫用，大多人都沒有這些負面觀感。而且，他們會無意識的做出提高自身信用評分的行為。

這是因為提高信用評分後，消費者能獲得很多優惠。例如，購買某服務時無須押金，縮短等待時間等，所以幾乎沒人出來抱怨。

第一章介紹娛樂轉型時，就提到給予優惠作為回報，就是獲得使用者資料的重要關鍵。這方面容易遭到誤解，其實使用者可以拒絕科技企業使用個資（當然，優惠會因此終止）。

給予優惠，就能蒐集更多使用者的資料，這一點從芝麻信用中亦可窺見。

● 產生新的消費體驗

藉由信用評分，人們就能看見信用，進而產生全新的顧客體驗。

二〇二〇年，日本為了因應新冠疫情，每戶人家一律發放十萬日圓的特別給付金，但在支付時耗費大幅時間，而引起混亂。

反觀中國只要將臉靠近手機，就能藉由GPS和臉孔認證確認本人身分，再與信用評分連結，所以幾秒鐘就會馬上匯錢進來。哪邊比較方便，顯而易見。

此外，租車或腳踏車之類的共享服務，使用者最初註冊時，要花一點時間完成手續（在中國還要預付押金）；之後可能出現沒歸還或發生事故的狀況，使用者因此要負擔損害保險。不過有了信用評分，雖然稱不上免除，但大幅減少註冊時間和金錢成本。

舉個極端的例子，世界正在嘗試推動類似Amazon Go的無人商店。不過，現在為了防止盜竊和其他犯罪，耗費許多力氣在安全管理上。

然而，只要有了信用評分，人們就不會做出降低分數的行為。因此，可以大幅減少安全管理所須的成本。

我認為，不遠的將來就算蓋了「無鑰匙公寓」，擁有一定信用分數的人才能居住也不奇怪。這點會大幅衝擊消費體驗，過去習慣靠外加成本（如裝監視器、防盜鎖等），迴避風險的做法將不復存在。

第6章

線上線下融合

關鍵字　超級OMO

1 線上線下顧客資料完全同步

相信在零售業參與行銷工作的人都聽過 OMO（Online Merges with Offline）。直譯這個詞，意思是「線上線下融合」，不過融合方法因人而異，具體來說要怎麼融合，帶來怎樣的顧客體驗，要弄懂並不容易。

OMO 是谷歌前大中華區總裁、現在率領創新工場[1]的李開復，在二〇一七年提倡的詞彙。同年十二月發表於《經濟學人》（*The Economist*），進而推廣到世界。根據李開復的說法，OMO 的概念是「消費者時時連到線上，線上和線下的界線變得模糊，兩者逐漸融合」。

以往 O2O[2]是形容將顧客單向從線上送到線下，相形之下，**OMO 具備的意義則模糊了線上和線下的界線，雙方在來往的同時產生嶄新的消費體驗**。其關鍵在於把重心放在客戶體驗[3]上，而不是單純的促進銷售。

尤其是食品、服裝以及其他擁有實體門市的零售業中，要如何透過 OMO 產生嶄新的顧客體驗，就成為數位時代行銷措施當中的重要課題。其中一個例子是部分企業正實施線上接待顧客、餐廳行動訂餐，以及電商和實體門市庫存管理一元化等措施。

不過，許多日本企業的 OMO 措施僅止於公司內部，與顧客的接觸點[4]只有線上購物要用自家電商網站或特定 App，線下購物則只限自家公司門市。給人的印象就是消費者只能從 App 下單或門市購買。

或許有人會覺得這是理所當然的，但對於國外的後進科技企業來說，這已不是「當然」。他們凌駕日本 OMO，實現「超級 OMO」。

1　Sinovation Ventures，李開復於二〇〇九年創辦的創投公司。
2　Online To Offline，線上線下整合。從網站、網路廣告及 SNS 等管道（線上），將顧客送到實體門市（線下）的行銷措施。
3　Customer Experiencer，簡稱 CX。顧客透過購買商品或服務領會到的體驗價值。
4　Touchpoint，行銷術語上指「顧客和企業的接點」。

無數接觸點和統一顧客資料

超級 OMO 和日本 OMO 主要有兩個巨大差異。第一個是線上線下雙方的接觸點數量。

舉例來說，亞馬遜透過陸續擴展不需要使用收銀機就能購物的 Amazon Go、實體門市（如亞馬遜書店〔Amazon Books〕），跟併購大型超市（如全食超市〔Whole Foods Market〕），以增加線下接觸點。

中國科技企業在這方面明顯抬頭。線上有直播帶貨、元宇宙（Metaverse）、App 及 SNS，線下則設有門市、自動販賣機、宅配箱、計程車等。企業跟消費者之間的接觸點，存在無數個排列組合。

中國的線上和線下早已完全融入到日常生活中，就連消費者都沒有意識到這個變化。這已經不是 OMO 一詞可以形容的了。尤其是城市裡引人注目的「自動貨架」——類似自動販賣機，只要用手機讀取自動貨架的 QR Code，就可以當場買到想要的東西。

自動貨架導入成本約一萬日圓，價格便宜，不只是法人，就連一般人民也可以輕鬆當作副業設置和經營，販賣各式各樣的東西。透過手機，就能即時查看獲利或銷售額。

超級OMO另一個特徵，在於統一線上和線下方的顧客ID，顧客資料會完全同步，進一步掌握每個人的消費傾向或購買行為，實現更個人化的顧客體驗。

藉由無數接觸點和同步線上和線下的顧客資料，讓每個顧客的行為特性浮現出來，產生與以往截然不同的顧客體驗，就是最新科技企業實施的超級OMO。

2 拿了就走，體驗無收銀機購物

電商巨人亞馬遜的舉手投足經常受到許多媒體的矚目。雖然亞馬遜不是最新案例，但談論OMO時，就得提及該企業擴展實體門市的策略。

二〇一六年十二月，世界零售業突然發生劇震——亞馬遜公布，開了使用無收銀機便利商店Amazon Go（見左頁圖6-1）。

Amazon Go歷經試辦期間後，於二〇一八年一月開設第一號店。之後不斷展店，到二〇二三年九月，在美國已有二十七間店。

Amazon Go的機制，是要有亞馬遜帳號，然後手機下載Amazon Go App，在入店時打開應用程式並顯示QR Code，放在閘門的感測器前，並讀取認證身分後，就可以進入店裡。店內沒有超市或超商該有的收銀機。顧客只要把商品塞進袋子裡，直接通過大門，交易就會自動完成。這就是亞馬遜獨特的系統「拿了就走」—

（Just Walk Out，見下頁圖6-2）。

換句話說，消費者不必用收銀機掃描商品條碼，只要走出閘門的瞬間就完成購物，接著 Amazon Go App 就會更新消費者的購買履歷。

能做到拿了就走，是因為店內天花板內建的 AI 攝影機和重量感測器，可正確分析顧客挑了什麼商品。

附帶一提，有一個現象容易招來誤解：常有人將 Amazon Go 分類成無人商店。不過，只要實際走一趟，就能發現店裡常駐不只一名人員協助購物。也許稱之為「無收銀機商店」會更正確。

圖 6-1　Amazon Go **採用無收銀購物。**

出處：亞馬遜。

未來結帳模式：掃掌紋

Amazon Go 和其他亞馬遜實體門市的歷史，始於二〇一五年亞馬遜的第一家實體書店「亞馬遜書店」。假如將之後的發展再整理一下，就如左頁圖6-3所示。

亞馬遜不斷致力於實體門市。除此之外，該企業在二〇一七年併購在美國展店超過五百家的食品連鎖超市全食超市，也可以窺見其野心。不過到了二〇二二年三月，亞馬遜公布要關閉美國和英國的亞馬遜書店、四星級商店及快閃店門市。

圖 6-2　亞馬遜獨特的結帳系統：拿了就走。

出處：Recode。

圖 6-3　亞馬遜的實體門市擴展過程。

年	品類	門市特徵
2015	亞馬遜書店	亞馬遜第一家連鎖書店實體門市。
2017	亞馬遜快閃店（Amazon Pop-up store）	開設於日本和英國等地的快閃店。
2018	四星級商店（Amazon 4-Star）	蒐羅評價四顆星以上的熱門商品。
2018	Amazon Go	亞馬遜第一家無收銀機門市。
2020	亞馬遜生鮮超市（Amazon Fresh）	生鮮食品超市（將生鮮食品當日寄送服務擴展到實體）。
2020	Amazon Go Grocery	Amazon Go的大型超市版。
2022	Amazon Style	亞馬遜第一家服裝實體門市（按：2023年11月，亞馬遜稱「實體零售策略」有新的轉變，所以決定關閉Amazon Style）。

每天觀察蒐集的資料，一旦判斷某領域的業績停滯不前或使命結束，就果斷放棄，轉而進行下一步，**迅速下決策是最尖端科技企業共通的特徵**。

亞馬遜自豪的拿了就走系統，也是在反覆摸索中逐年改良、提升。

二〇二〇年，亞馬遜引進搭載攝影機和重量感測器的購物推車「Amazon Dash Cart」。只要用推車上的螢幕核對商品，穿過專用車道，就會自動結帳。

雖然日本永旺超市（AEON）也引進智慧推車「Scan & Go」。不過Scan & Go是將條碼掃描器搭載在把手上，Amazon Dash Cart則是將掃描器和重量感測器搭載在籃子上，既不會忘記掃描，也會強化防治扒竊的對策。

Amazon Dash Cart引進成本昂貴，但購買的商品不容易被偷；Scan & Go則相反，雖然引進成本便宜，但被偷竊或忘了刷條碼的可能性不低。雖然不同之處在於只裝商品的推車，但從這種地方也會顯露出最尖端科技企業和日本企業思考的差異。前者會提升資料應有的正確性，希望能應用在下一個服務上，後者則重視能否用在事業上。

要靠什麼提升利潤，要在哪裡找出價值，會改變以後的策略。

二〇二一年，亞馬遜發表生物認證系統「Amazon One」。這種非接觸型ID服務要事先註冊手掌的資訊，只須在進入店裡時將手掌對準掃描器，閘門便會自動打開，如此一來連手機都不需要了（見圖6-4）。

Amazon One預定將來會逐漸引進到Amazon Go和其他實體門市。

自二〇二〇年起，亞馬遜對外販售拿了就走系統，不只是自家門市，也讓別家實體門市擴充成無收銀機商店。

圖 6-4　只須將手掌對準掃描器，交易就完成了。

出處：亞馬遜。

拿了就走系統，匯集亞馬遜科技精髓

亞馬遜的下一步，是在二〇二二年五月開幕於加州格倫代爾的第一家服裝店Amazon Style（見左頁圖6-5）。這家新門市匯集了亞馬遜以往靠電商和實體門市，培育出來的科技精髓。

讀取店頭展示商品附近的QR Code後，就會啟動亞馬遜的購物App。**想試穿商品時，只要從App中選擇顏色和尺寸，商品就會送到店內的試衣間**，讓消費者試穿並選擇要購買哪幾件，至於沒買的，直接放著不管也沒關係。

當然，Amazon Style也採用Amazon One和拿了就走系統。其後臺引進與亞馬遜訂單履行中心（fulfillment center，出貨用倉庫）相同的技術和流程，從透過App選擇想要試穿的商品，到商品送至試衣間，短短幾分鐘就可以完成。另外，Amazon Style還可以備齊同規模門市兩倍以上的庫存。

再者，顧客喜歡的款式或合身度之類的資訊會回饋到App裡，這項資訊就會供亞馬遜的ＡＩ做機械學習，還可能會讓顧客收到更加個人化的穿搭方案。

沒有僅止於追求省力和高效，而是活用在線上和線下蒐集的資料，產生個人化的顧客體驗。這就是亞馬遜想要實現的超級OMO面貌。

商品不是送到家門，而是直送冰箱

實體界的零售業巨人沃爾瑪，則在實施與亞馬遜相反的OMO策略。

二〇一九年，沃爾瑪推出「送貨入府」（InHome Delivery）的服務。從沃爾瑪電商網站訂購的商品，配送員不只會直接送到府，還會進入室內把商品放進冰箱。令人驚訝的是，就算訂貨者不在家，

圖 6-5　Amazon Style，用 App 選尺寸，衣服自動送進試衣間。

出處：亞馬遜。

配送員也能進入其住家——訂貨者會購買家用智慧鎖，配送員領取一次性密碼解鎖後，再把商品直接放進冰箱。

有些人認為這個方法安全有疑慮，不過配送員的制服上裝有多個視訊攝影機，讓訂貨者可以即時或從備份檔案中查看交貨時的影像，保證值得信賴。

另外，配送員都是沃爾瑪員工，而且職階、薪資比一般門市人員還高。沃爾瑪授予高位給配送員，以和顧客建立信賴關係並確保人員充足。

與其說宅配到府是OMO，或許稱其為O2O進化版會更正確。

不過，從線上購買的商品直接送進自

圖 6-6　即使屋主不在，商品也會送進冰箱。

出處：沃爾瑪。

家冰箱的意義上來看，也可以稱之為「終極ＯＭＯ」。

雖然人們以往會在「電商對實體門市」的架構下，比較亞馬遜和沃爾瑪的差異。不過從（廣義上的）ＯＭＯ來看，亞馬遜透過線上獲得的技術或專業慢慢擴張到線下的世界，同時融合兩邊顧客，想辦法讓消費者產生更個人且專屬自己的顧客體驗。而沃爾瑪是直接雇用配送員，同時將電商物流系統內製化，試圖實現產品送到自家冰箱的終極電商。

電商亞馬遜致力於線下，實體門市沃爾瑪致力於線上，這種「逆轉現象」的狀況，很耐人尋味。

3 自動貨架，無人商店進化版

前文介紹了Amazon Go，但其實亞馬遜的先驅，是於二〇一六年八月，出現在中國的世界第一間無人商店Bingo Box[5]。其機制是使用微信ＩＤ進入店裡，將附有ＲＦＩＤ標籤[6]的商品放在收銀機上掃描，再用微信支付或支付寶交易。

Amazon Go是無人和不用收銀機掃描，從這兩點來看，兩者的商業模式大為不同。

這種劃時代的無人便利商店也因成為話題，Bingo Box一時間擴展四百間店。然而在二〇一九年之後，展店速度突然下滑，現在幾乎沒人聽過它的名字。

雖然關於衰退的原因，傳出各種謠言，如複雜的入店手續讓人敬而遠之等，但事實上，以Bingo Box為代表的貨櫃屋型無人商店大多失敗了。

可想而知，無人商店的商業模式是購買數量越多，「規模經濟[7]」越起作用

（降低進貨和物流成本）。也就是說，除非能確保一定的需求，否則就難以存續。

從那之後經過幾年，現在中國的無人便利商店完全衰退了嗎？

其實並非如此。無人便利商店這門生意轉換成「迷你尺寸」且變得更普及，就是自動貨架。自動貨架讓無人便利商店更進化，實現超級OMO。

補貨找外包，壓低運送成本

在中國城市，不論醫院、機場、辦公大樓、辦公室、學校或人潮擁擠的公共場所，除了自動販賣機，還能看到類似自動販賣機大小或迷你尺寸，種類五花八門的

5 中國創新型中小企業於二〇一六年開設的貨櫃屋型無人商店。

6 使用電波或電磁波，以非接觸方式讀寫內建記憶體ID資訊的資訊媒體。RFID是擷取「radio frequency identification」開頭字母的術語，又稱為「IC標籤」。

7 隨著產量的增加，長期平均總成本下降的特性。但這並不僅僅意味著生產規模越大越好，一旦企業生產規模擴大到超過一定的規模，邊際效益卻會逐漸下降，甚至跌破趨向零，乃至變成負值。

箱形物——自動貨架。

在中國都心區工作的上班族，忙到連去商店買東西都嫌煩。而自動貨架向這類員工提供「馬上購買想要的東西」的消費體驗，進而獲得支持。

比如販賣藥物的自動貨架（見左頁圖6-7），只要從正中央的觸控面板選擇，藥物就會從箱中冒出來。還可透過觸控面板跟藥師遠距諮詢。萬一沒有存貨或原本就沒有這種藥，也因和配送服務連動，所以只要按按鈕，藥物基本上就能在三十分鐘內送達。

這些自動貨架搭載攝影機和重量感測器，感測購買的商品重量，擷取差值再要求付款。因此，凡是能裝進箱裡的尺寸，都可以在自動貨架販賣。

自動販賣機和自動貨架還有一點很不同，當前者的商品賣完後，業者就得補貨。而後者，補充缺貨商品的人不是經營者，而是外包給設置自動貨架的公寓或辦公室管理人等。受託者用限時鑰匙讀取QR Code，打開自動貨架補充商品（打開應用程式，就可知道販售狀況，知道什麼時候該補貨，見一七四頁圖6-8）。

另外，飲水機自動貨架則是將瓶子放在公寓地下室保管，委託公寓管理人填充。在飲水機這門生意中，配送成本占了大半。所以以公寓為物流據點，就可壓低配送成本。

只要把自動貨架設置在許多人頻繁經過的地方，便可增加接觸點，確保高利潤。接著將管理或補充商品外包給他人，不但能使供應鏈[8]最佳化，還可提升報酬率。這就是中國自動貨架的商業模式。

圖 6-7　販賣藥物的自動貨架，萬一架內沒有想要的品項，只要按按鈕，就會配送。

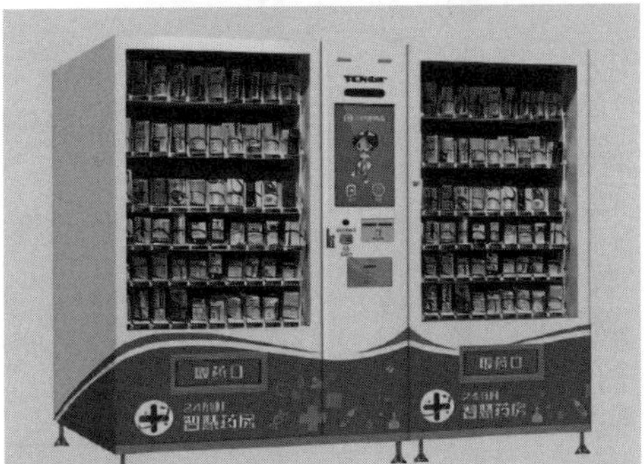

出處：TCN 中吉。

8　商品送到消費者手上的一連串流程，包含採購、製造、物流及販賣。

自動貨架能成功，在於支付方式

「咦？這種地方居然有自動貨架。」我每次到中國，都會對城市中看到的自動貨架種類和數量感到驚訝。

詢問當地人後，發現有些經營者會偷偷設置新機種。

自動貨架越多，與顧客的接觸點就越多，還能蒐集到購買資料。另外，就如前文所言，規模經濟會起作用，減低進貨成本。這個現象在人來人往的都心區，更是明顯，自動貨架經營者之間的競爭因此逐漸激烈。

順帶一提，暗地支撐自動貨架生意的是，前面章節介紹過的中國行動支付

圖 6-8　經營者打開應用程式，就能知道販賣狀況。

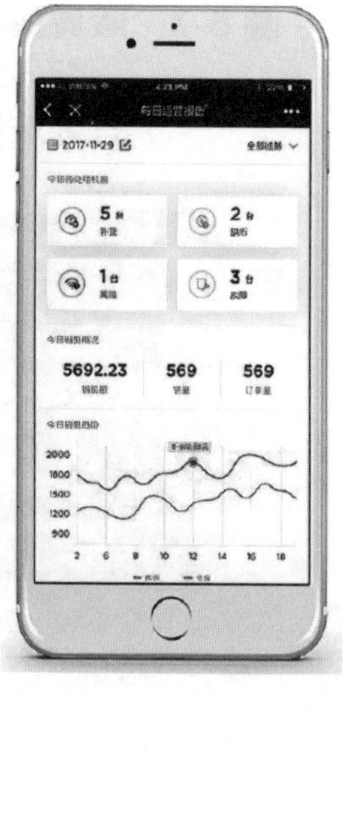

出處：TCN 中吉。

App。尤其是支付寶和微信支付，更是將無數服務當成「迷你 App」綁在一起，讓自己化為「超級 App」可以點開其他 App 的平臺。

說得更清楚一點，打開支付寶 App，就會看見上面羅列通訊、SNS、新聞及其他 App 選單（如餓了麼、滴滴出行、星巴克等）。不管星巴克或優衣庫，都有各自的應用程式，就算沒有打開，也能從支付寶或微信支付，開啟服務。

超級 App 除了整合線上帳戶資料，也會蒐集自動貨架、宅配服務及餐廳之類的線下紀錄，接著匯整到線上帳號，並統一管理。而這份經統整的購買資料，會和各個 App 共享，發揮「送客」[9]效果之餘，還能提升個人的購物體驗。

第四章介紹的熱門茶飲店喜茶，也是將 App 設置在支付寶中的企業之一，合作後過了兩個月，MAU 就增加十五倍。據說回訪率也上升到五倍。

9　這裡送客是指某間店的顧客經引導，而到另一間店消費。

破壞式創新的特徵整理

● 超級 OMO，增加接觸點取得資料

世界科技企業實施的超級 OMO，其特徵在於不只是線上，連線下都設計無數的接觸點，藉此配合消費者各種的需求。

亞馬遜藉由「Amazon Go、其他自家實體門市（如亞馬遜書店等），以及併購大型超級市場來增加接觸點；中國城市各處設置類似自動貨架的線下服務，能獲取使用者的購買資料。

而線上接觸點除了購買資料，其他資訊都能透過 AI 取得。例如，亞馬遜擴展的拿了就走系統，利用店內的 AI 攝影機，得到「顧客會拿什麼商品」、「在哪條動線走幾秒鐘」之類的訊息，以應用在備貨或找出商品最佳配置，甚至是展店策略上。

● 消除線上和線下的界線

日本零售企業推動的 OMO 措施，往往僅止於從線下到線上（或相反）的單向合作，例如電商訂購的商品到門市取貨，從 App 拿到優惠券後再去門市購買，這是因為線上和線下雙方的 ID 分離。

而世界科技企業會融合顧客線上和線下的購買紀錄，以掌握顧客的行為，並發展出顧客專屬的體驗。尤其是中國，透過支付寶或微信支付之類的超級 App，來整合這些購物資料。融合的程度連消費者都沒意識到線上線下的藩籬。

第五章曾談到「支付系統營運者站在金字塔頂端」的展望，亞馬遜也察覺到「**掌握支付系統就能強化企業實力**」，於是近年加強與支付公司 PayPal 的合作。或許在不遠的一天，美國類似支付寶的 App 會抬頭，加速 OMO 的趨勢。

● 電商展店，實體門市發展線上服務

並列亞馬遜和中國自動貨架各案例中的 OMO 策略後，便可發現亞馬遜的實體門市策略，是線上世界朝線下擴張。而中國科技企業則是將自動販賣機、宅配服務

及餐廳的線下世界，藉由支付寶等 App 線上化。從這個意義上來說，可以看出兩個案例達到截然相反的進化。

另一個不同，則不限於 OMO 策略，亞馬遜藉由電商掌握霸權後，進軍線下世界，試圖以最新的科技來擴張「領土」。這項特徵不只可從亞馬遜的動向中看出，或許也適用於美國其他科技巨人。

相形之下，中國則是由二十幾歲到三十幾歲的青年，憑著「要是有這種服務就好了」的感性陸續創業，最後加入阿里巴巴或騰訊，由下而上的動向強烈。阿里巴巴和騰訊也支援數百個新創企業，作為年輕人創業的後盾。

自由主義國家美國比較像是巨科技（MegaTech）主導型，社會主義國家中國比較像是創業主導型，從這個意義上來說，也形成有趣的對比。

第 7 章

顧客願意買，就是正確價格

關鍵字　使用者起點型動態定價

1 AI加速了動態定價潮流

因應時期、時段、預約時間，以及其他商品或服務需求多寡而改變價格的機制，就稱為動態定價。雖然這幾個字聽起來像是近年的趨勢，但其實這種價格設定模式從很久以前就有，相信用飯店或機票當作例子，能更清楚說明。

飯店房價在週末會比平日高二至三成，若碰到黃金週、年末年初等節日，費用還可能再漲將近兩倍。機票也一樣，價格會配合季節而變動，而且早上或深夜的機票比較便宜。或其他依預約時間不同，價格也有差異。

飯店和機票的共通之處在於供給量固定，不能隨意增加。因此，企業會配合淡旺季調整價格以達到獲利最大化。需求高的時期或時段，就提高價格；需求少的時期，就降低價格以提升利用率。

在近幾年，從觀看運動賽事或歌手演唱會門票，到鐵路、電力及其他生活切身的基礎建設，動態定價廣泛獲得探討或引進。日本國土交通省[1]的鐵路運費暨定價制度小委員會，也在二〇二二年七月公布期中報告，提到有必要配合鐵路經營者的經營環境或利用需求，調高運費設定的自由度。

動態定價會逐漸普及的原因，在於AI演算法分析技術發達，提升需求預測的精確度。比如欣賞音樂會或觀看運動賽事，AI可從過去的票券購買記錄資料，來個別設定價格。

除了傳統的動態定價形式，從過去的購買和預約記錄預測之外，近年來還出現藉由新的要素——人改變了動態定價。

就如目前為止再三看到的一樣，中國科技企業的背後，有支付寶和微信支付兩大超級App，天天蒐集和累積的龐大支付資料。

從「誰在何時怎麼購物」的資訊中觀察到「人」，再決定價格。

除此之外，車輛共乘（單程計程車）或停車場等市場，是配合存貨或剩餘量自

1 中央省廳之一，職責相當於各國的交通部與建設部。

動決定價格，若再與美食、飯店或其他服務聯手，提出成套方案的價格，那麼定價的概念會不復存在，就連划算和吃虧等感受也開始消失。

最新版動態定價，以顧客需求為起點

頂端科技企業以龐大的支付資料為背景，發展出與人相關的動態定價。與以往的模式相比，可看出設計思維不同。

一般的動態定價著重在供需平衡，概念是要定出原始商品和服務的成本，再依供需售價，確保扣掉成本後還有一定的報酬率。換句話說，從成本計算，就等於定價的決定權掌握在企業手裡。

相形之下，現在的最新動態定價，則是以「從顧客需求計算」為根據。若企業提出的價格能讓買方接受，那麼，這就是「正確的價格」。

從這個意義上來說，這與股票市場那種在自由交易市場中達成買賣的體系接近，定價的決定權可說是從企業轉移到使用者手上。本書稱為「使用者起點型動態定價」。

這種定價方法，就算服務水準、時期和時間相同，提出的價格也會因人而異，所以從公平性的觀點來看，否定的聲音並不多。另一方面，從商務角度來看，該方法有個優點，是比以往的動態定價更能確保高獲利，有值得學習的地方。

本章會介紹最新的動態定價引進案例，不只從技術面談起，還想闡明這個商業模式的重點。

2 忠誠的代價：訂房網站這樣吃定你

如前文所言，飯店的房間供給量固定，靠動態定價作為調整供需平衡的手段。但實際上，活用過去的住用率或價格資料來設定價格並不容易。

比如以高中低三個價格帶來定價，因為飯店平均有二十幾個住房方案，所以定價就有六十種（三乘以二十）。這樣看來，假如是展店一百家的連鎖飯店，就必須研討方案六千次，靠人力處理完算不上現實。

因此，最尖端的連鎖飯店會引進 AI，讓 AI 學習價格設定規則，進而實現最適合的售價，同時削減人事費，謀求最大獲利。

許多飯店利用 AI 做動態定價，是根據節日或平日週末等既往的要素來改變價格，從這一點來看並不新奇。

而中國飯店的動態定價會更加進化，是因為添加人這個新要素。

費用，因人而異

尤其是預約網站更是充分實踐了這一點，成為多個飯店的預約窗口。以日本來說就類似於Jalan[2]和樂天旅遊[3]。

預約網站上擁有所有註冊飯店的飯店預約記錄、回訪率、購買價格及其他龐大的使用者訊息。其中還加上支付寶和微信支付這些App的支付資料。

預約網站藉由支付資料，觀察使用者的消費傾向，並分析「這個時期開出這個價格，某人也會買」。根據這個傾向，假設某個房間在某天的定價為一萬日圓，預約網站就會提出不同的價格，面對新使用者就開價八千日圓，而購買力高的回訪使用者，則開價一萬兩千日圓。

另外，預約網站用一萬兩千日圓賣定價一萬日圓的飯店房間時，會同時給兩千

2 瑞可利（Recruit）股份公司發行的旅遊專門雜誌。一九九〇年創刊。一九九九年架設旅遊網站ISIZE TRAVEL，開始提供住宿設施的線上預約服務，之後改名為Jaran net。

3 樂天集團股份公司經營的住宿和機票線上預約網站。

日圓的優惠券。如此一來，使用者對一萬兩千日圓這個價格的心理抗拒感，就會有所緩和。

飯店預約網站就像這樣，藉由經濟能力、回訪率、需求等「以使用者為起點」的要素，巧妙改變定價，謀求最大獲利。

你越忠實，我賣越貴

不僅如此，預約網站的厲害之處，在於完全不讓飯店方知道實際上到底賣了多少錢。

例如，預約網站受飯店之託販賣一萬日圓的房間，飯店方掌握的價格就只有一萬日圓這個供應價。

假設預約網站會收二〇%手續費，那麼當房間以一萬日圓（供應價）賣出時，扣掉手續費，預約網站會支付八千日圓（銷售額）給飯店方。若賣一萬兩千日圓，等於有四千日圓利潤會進入預約網站的口袋，而飯店方完全不知道房間以哪個價格賣出。

飯店預約網站藉由這個機制巧妙提高利潤，進而謀求獲利最大化。順帶一提，甚至有預約網站將價格調高到平均一〇%。

以一般的行銷對策來說，通常會給忠實顧客優惠。航空公司的哩程服務就是這樣的觀念。

然而，類似中國飯店預約網站的做法，反而基於「既然會回購的使用者想要這種服務，那麼就算費用稍微貴一點，也會買」的想法，提出較高的價格。

某種意義上，忠實顧客也會吃虧。

事實上，在中國隨著「大數據[4]殺熟」（殺，指冷遇；熟，指熟客）一詞的出現，類似這種價格因人而異的定價方式，就成為批判的對象。

其實，看看中國科技企業不囿於定價、成本率及其他以往的概念，讓獲利最大化。而日本企業恰好相反，他們正苦於無法順利將原料費、人事費及其他增加的成

---

4 Big Data，來自各種來源的大量非結構化或結構化資料。

本轉嫁到價格上。

不過，換個角度來看，就會發現忠實顧客不見得真的吃虧。

比如，就算價格沒有變得便宜，也能像鑽石會員一樣享受高級服務。像是接待櫃檯和一般會員不同、房間或飲食內容升級、開始減價的時間提早，預約電影座位比較有利等，獲得某種優惠待遇。

忠實顧客不能便宜買卻可以開心買，飯店預約網站就是在這一點上做到差異。

3　智慧型停車場，解決找車位難題

近年來，越來越多中國人買車，汽車持有量正急速增加。中國公安部表示，汽車持有量在二〇一〇年約為六千萬輛，到了二〇二二年十二月底則達三億一千九百萬輛，十年來增加五倍。

尤其是急速發展的大都會區中心地帶，汽車需求增加，相形之下停車場的供給遠遠不足，問題嚴重到還生出「停車難」一詞。

事實上，在幾年前就有人指出，中國該學習日本的停車場。像是「日本國土狹小，平均人口的汽車持有量比中國多，卻沒有發生停車場不足的問題」、「日本有立體停車場、二段升降式停車場，能在狹小空間內停許多車」。

到了現在，中國以不同於日本的方式解決停車難——以停車場資源有限為前提，提升利用率以平衡供需。其關鍵在於運用最新科技的「智慧型停車場」。

QR Code 和小型專用裝置

原本中國的典型智慧型停車場，是讀取 QR Code 後，橫桿升起，車子再進入閘門。回程時直接離開即可，智慧停車系統會根據進退場時間計算車子停多久，並向支付系統請款，以完成繳費。

更簡易的系統是設置小型欄架，並貼上 QR Code（見左頁圖 7-1）。雖然是透過 QR Code 交易，不過附近會設置攝影機，要是沒有付費，之後就會徵收罰金。

另外，不只是停車場，警察或取締委員取締違法停車時，也只須當場出示 QR Code 讓駕駛掃描圖碼，就能當場繳交罰金（見左頁圖 7-2），「現在沒錢，所以之後再付」這類藉口行不通。此外，透過這種支付方式，警察或取締委員還可以兼做成本管理，非常有效率。

中國大都會區採用這種智慧型停車方式，將停車場資料活用到極限，提升其利用率。而在努力提高利用率的過程中，就發展出智慧型停車場的動態定價系統。

具體來說，就是透過 QR Code 蒐集並分析停車場使用率，再由 AI 判斷每個

圖 7-1　只須讀取 QR Code 就可以使用的停車場。

出處：山東現。

圖 7-2　罰金也是透過 QR Code 徵收。

出處：百家號。

停車場區域有沒有必要調整費用。

假設某個停車場可以停二十輛車，入口的升降桿上傳二十輛的資料，出口的升降桿上傳五輛的資料，即使沒有感測器或其他規模龐大的設備，也能從中取得進出次數，即時掌握「現在停放十五輛車，空出五格車位」，再由 AI 自動分析這項資料，進而配合停車空位調整價格。

一九九四年日本企業發明 QR Code，現在中國將其活用到極致，以極為簡單又低成本的方式取得資料，應用到停車場的動態定價，讓人再次驚訝於中國科技企業的想法靈活。

智慧型停車系統，顯示停車位置、自動繳費

事實上，在中國最尖端的停車場系統，已經進步到「車主沒意識到是否付了停車費」的程度。接下來以智慧型停車平臺 ETCP 為例加以介紹。

ETCP 智慧型停車系統創辦於二〇一二年，獲得中國的複合商業設施、交通

要塞、醫院、觀光地、公共設施及其他超過八千個停車場採用。汽車持有者約有三千三百萬人註冊，單月活躍使用者超過一千萬人，以智慧停車場獨角獸企業的樣貌備受矚目。

ETCP屬於簡易型智慧型停車場系統，同時擁有自動開關式閘門桿和透過智慧型手機自動支付停車費的功能。

打開專用App，ETCP智慧型停車場就會顯示在地圖上，旁邊會顯示有多少個空位。

另外，地圖上的停車費會依照停車場不同，顯示「人民幣十元」、「人民幣五元」等。其價格也會依空位狀況而變化。不過，由於停車費時時刻刻在變，像是三十分鐘前顯示「人民幣五元」，抵達時可能就漲到「人民幣十五元」。所以ETCP系統能藉由事先預約，鎖住當下價格。

另外，ETCP App有自動支付的功能，離開停車場後，就會自動繳清停車費。其機制已經進步到車主沒有意識到支付一事。

該系統的一大特徵是軟體[5]開發套件（Software Development Kit，簡稱SDK。匯集所須程式並封包，以便製作順應特定系統的軟體）這項開放式介面。雖然與應用程式設計介面[6]類似，不過應用程式設計介面只提供連接軟體的「接頭」，軟體開發套件則提供整組套件來建構軟體，這樣講或許比較容易懂。只要活用軟體開發套件介面，即使是地圖和其他許多服務App，也可以放入停車場系統。也就是說，就算這些應用程式沒有出現ETCP的名字，也可以當作其App來使用。順帶一提，使用時，根據每個App名義不同，費用也會改變。

換句話說，ETCP能打造App的巢狀結構，透過許多App和軟體開發套件協作，藉此增加通路。於是就產生以下的獲利模式：

1. 藉由軟體開發套件增加通路，進而增加使用者（需求）。
2. 需求增加後，容易提高價格。
3. 價格上升，覺得有賺頭的停車場業主便進入市場（供給增加）。
4. 供給增加，價格逐漸下降。

5. 即使價格變低，需求仍在增加，所以能確保總獲利。

ETCP除了這個獲利模式之外，還藉由停車場無人化（不需要管理員等）將成本壓低到極限，確保總體上是高獲利。

附帶一提，導入ETCP時的初始成本為二十萬日圓，再想到日本的停車場系統要幾百萬日圓，差距就很明顯了。

---

5 Software，搭載在電腦、手機或其他電子儀器上的程式。包括驅動電腦或智慧型手機的「作業系統」，與專攻特定功能的「應用程式」等。

6 Application Programming Interface，簡稱API，藉由向外界公開軟體或應用程式的一部分，與第三者開發的軟體連接，共享功能的機制。

4 滴滴出行，一站式旅遊平臺

ETCP的智慧型停車廠模式雖然走在最尖端，不過接下來要介紹的案例，則將動態定價提升到另一個境界。

當動態定價有進一步發展後，就和其他App聯動，建立個人化的單一服務，以提高附加價值。而交通行動服務[7]正好體現了這點，其中最新的科技企業，就是中國最大的車輛共乘程式滴滴出行[8]。

雖然世界第一的企業Uber在日本受到計程車業界的限制，陷入苦戰當中，但在世界的市場穩健成長。根據調查公司Report Ocean在二〇二一年的報告推測，世界的車輛共乘市場每年有二〇%以上的成長率，二〇二〇年超過八百九十億美金。

在中國，車輛共乘市場裡獲得第一名的企業，就是滴滴出行。

滴滴出行創辦於二〇一二年，在二〇一六年併購Uber在中國的事業，成長為中國最大的配車服務提供者，在中國市占率九成以上。到了二〇二一年，就在紐約證券交易所上市。

現在，**滴滴出行不只是車輛共乘事業**，還成長為囊括計程車、租車、卡車、巴士、腳踏車及其他許多交通方式的「**一站式旅遊平臺**」。

另外，滴滴出行於二〇二〇年六月在上海市內試辦自動駕駛計程車，根據BBC的報導，該公司揭櫫了計畫，要在二〇三〇年前經營一百萬輛。

軟體開發套件，建立多樣化的夥伴關係

透過軟體開發套件，滴滴出行與地圖、交通、餐廳等許多App協作，埋藏在其中。所以就算沒有特地打開滴滴出行的程式，也可以從這些合作App中輕鬆叫

---

7 Mobility as a Service簡稱MaaS，配合個人移動需要，將多個種類的交通服務整合成一個可以使用的移動服務。

8 中國最大的車輛共乘服務。二〇一二年開始提供服務。

出滴滴出行。多了其他接觸點，湧進滴滴出行的網路流量自然會增加，提高獲利。

另外，軟體開發套件協作不只會增加通路，也可以藉由搭配各類 App，讓使用者能一次完成想做的事情。

比如，從美團或其他美食 App 內，叫出滴滴出行，同時做到預約餐廳和計程車配車，對使用者來說相當方便。另外，提供服務者可將餐廳和計程車做成優惠套組來銷售，比個別單獨販賣喚起更多的需求，容易提高獲利。

再者，滴滴出行透過提供軟體開發套件介面，擴大與非競爭關係企業的策略夥伴關係。

舉例來說，與抖音締結夥伴關係後，就能針對透過抖音打開計程車 App 的使用者，配合其年齡層或屬性打廣告或打折促銷。

滴滴出行藉由軟體開發套作，和各式各樣的 App 合作，以擴大促銷的範圍，喚來許多的需求，進而成為 MaaS 的最尖端企業。

終極動態定價，和其他服務一起賣

前文提到，滴滴出行和許多 App 建立夥伴關係，超越單純的動態定價，實現「終極動態定價」。舉例來說，原本使用者只打算利用計程車單一服務，最後卻購買「電影、餐廳、計程車及飯店」成套服務。由於成套服務的價格比單一服務的附加價值高，所以容易提高價格。

餐廳和停車場原本要多少錢，銷售成套服務時就免除實際停車費，餐廳也降價一〇%……AI 會分析使用者的消費習慣並依此生成適合的服務。

另一方面，滴滴出行會藉由成套服務，對「送客」過來的（餐廳、飯店等）App 開出手續費，不過因販賣價格上漲，所以就算這些店家付了手續費，依舊能確保獲利。

再加上通路增加，能與其他服務搭配販賣，網路流量和滴滴出行的車輛共乘服務需求因此增加，所以駕駛員容易提高價格。

價格變高後，判斷「這裡比較好賺」的駕駛員就會聚集起來，進而產生更多供給。當供給變多，價格便逐漸下降和合理化。

對照前面說明的ETCP獲利模式，就會發現滴滴出行的商業模式很相似：

1. 藉由軟體開發套件增加通路，進而增加網路流量（需求跟著變多），配合個人推出成套服務。
2. 由於需求增加，且成套服務能因應使用者的需求，容易提高價格。
3. 價格上升，進入車輛共乘市場的駕駛員（供給）就會增加。
4. 供給增加後，價格會逐漸下降和合理化。
5. 即使價格下降，需求也會增加，所以能確保總獲利。

像這樣，同時喚起需求和供給，不只會推升需求曲線和供給曲線的交叉點，個人化的成套服務也會成為推升價格的要素。從使用者的角度來看，既然成套服務，就不會知道計程車費的定價。

這就是終極動態定價的方案，也可說是滴滴出行商業模式的神髓。

滴滴出行於二〇二一年在紐約證券交易所上市之際，由於中國當局的調查，對其過熱的加乘經營方式存疑，之後就中止上市。但在二〇二三年一月，則以正常的形式重啟App。現在世界正以熱烈的視線關注其今後的發展。

破壞式創新的特徵整理

●價格依人而異

雖然有不少論調批判中國動態定價過熱，但從商務上說，這套方法有許多值得參考的地方。

以往的動態定價著眼於調整供需平衡，如 Uber，但該企業動態定價的設定量，壓到不超過總訂單的一〇%，所以價格變動後的總獲利幾乎沒變。

相形之下，以使用者為起點的動態定價，是以取得利潤為目的。這種定價方式的背後是以支付資料為中心，進而掌握每個使用者的行為，所以能輕鬆預測「使用者會付這些錢」。

然而，這不是單純的「取之於花得起的人」。增長的獲利會再投資到服務上，進而提升使用者的滿意度，讓總獲利提高，產生良性循環。

動態定價的機制，也會為飯店、停車場業主、或是提供車輛共乘駕駛員的網站，帶來經濟上的誘因。例如，類似滴滴出行的車輛共乘生意，哪怕知道節慶或年底年初的需求會提高，也不認為駕駛員會想在假日時工作。這時只要讓駕駛員聽到「除夕或正月的價格是通常的五倍」，就願意開車接客。

●將傳統生意變成尖端商務

當動態定價以使用者為起點，也為飯店或停車場帶來衝擊，甚至將它們從以前就有的生意變成最尖端商務。

傳統的飯店業供給量固定，所以只能提高住用率來確保獲利。而最尖端商務則從支付資料掌握使用者的消費傾向、回訪率及所得水準等指標，以設定每個使用者的個人價格，藉由提升住用率以外的方法，實現獲利最大化。

「**顧客願意購買，就是正確的價格**」，雖然不少人批判這種觀念，不過看看很多日本企業不想讓客人負擔成本，所以不怎麼漲價，結果銷售額沒有成長，給員工的薪水也高不起來，就會發現這種動態定價方法，有許多值得學習的地方。

● 加乘服務，提供「只屬於你」的價值

就如在滴滴出行或 ETCP 看到的一樣，透過軟體開發套件公開開放式平臺，進而在各式各樣的 App 上建立「送客」通路。

再者，不只是單一服務，還能配合該使用者，將各類服務打包銷售，如「餐廳—飯店—接送」，替單純的「接送服務」提高附加價值，當成「在餐廳享用餐點，再移動到飯店」。

結果，滴滴出行的總配車數因此增加，藉由「越忙，底價就越高」的循環抬高獲利。另外，當天想要賣出空位的餐廳、電影院及飯店等地會打折，所以能向使用者提出免費接送或提供折扣。

對使用者來說附加價值變高，價格卻很便宜，於是就會受歡迎。

藉由使用者起點型動態定價和成套服務，邁向更個人化、專屬自己的定價——最尖端科技企業正實現超越調整供需的高層次動態定價。

第 8 章

集結小蝦米，成為大勢力

關鍵字　小黑魚策略

1 小魚一起游，強悍如大魚

「等到大家都熟練了，能游得像條大魚之後，他說：『我來當眼睛。』」
——美國兒童文學作家李歐．李奧尼（Leo Lionni）《小黑魚》（*Swimmy*）

在這本繪本中，小黑魚「小游」的兄弟被大魚吞下肚，剩他孤零零的在海裡徘徊。接著他發現一群紅色的小魚。但他們怕被大魚吃掉，所以躲在岩石的黑影下不肯出來。於是，小游提議：「我們可以一起游泳，假裝是一條大魚。」這群紅魚拚命練習，變成「大魚」，終於能光明正大的游泳。

那麼，在這片商業的「海洋」中，像「小魚」般置身在弱勢立場的，就是微型企業（僱用員工不滿五人）或個人經營的餐廳。

這種個人經營的餐廳缺乏資金或人力投入促銷或廣告中，運用 SNS 的素養也很弱，再怎麼樣都敵不過大型資本餐廳。尤其在新冠疫情後，就連名店、老字號餐廳陸續關店。

餐飲業本身落後於數位轉型的浪潮，多半會殘留沒有效率的經營。其實，這不只是飲食，基本上是需要待客的實體商家生意的共通課題。

假如這類型餐廳合作，一起做促銷、開發餐點或採購等，成為「大魚」，或許就會贏過大型資本餐廳——事實上，有一家最新科技企業就實現了這點。

那就是複合平臺再惠[1]，透過向SNS露出、開發外賣餐點，用電腦進行採購管理，並協助落伍的餐廳實現數位化。

活用再惠改善外賣餐點，或藉由抖音和其他熱門SNS進行影片促銷，幫助許多餐廳銷售額成長，實際讓加盟店上升到兩百萬家。

微型餐廳集結後，能獲得像是蒐集交易、促銷及採購管理等資訊，進而形成大

1　再惠網路科技有限公司經營的餐廳導向B2B平臺。二〇一六年開始提供服務。B2B，Business to Business，指企業間進行的交易。

數據，如此一來，就可以將進貨、促銷及開發餐點之類的業務最佳化。也可利用ＡＩ實現行銷指導。對個別的微型商家來說，這項大數據會成為一大武器。

事實上，就連企業的人事和勞務管理，也能實踐大數據化。各家公司的營業狀況或規模都不同，所以不能一概而論，但通常員工在和公司的關係中屬於弱勢，就算抱怨或提出要求，多半得不到理睬。

聊天機器人這項工具會透過閒聊，蒐集員工的不滿或抱怨。接著讓ＡＩ分析並回答能回答的問題，如果是ＡＩ無法解決的問題，則會向人事和勞務部分呼籲改善行動。

類似再惠和聊天機器人這樣的平臺，將餐廳或公司（員工）集結起來之後。即使**個別的力量微弱，也會形成強悍的集團**。

2　再惠，幫微型企業數位轉型

談到今天的零售業，不能跳過亞馬遜、樂天市場及其他巨大電商平臺。但若提到稱為**「餐廳版」的巨大電商平臺，就是再惠**。

再惠以餐廳和其他線下店家為對象，提供品牌管理、行銷支援、採購管理及其他數位服務。再惠引進超過兩萬家企業和品牌，包括外燴、休閒、娛樂、美容產業及飯店等，光是餐廳也有兩百萬個店家。

再惠提供的服務就如下頁、二一一頁圖8-1所示，涉及非常多方面。該平臺根據各店家上傳的支付資料，即時累積並分析訂單量、使用材料、繁忙時間等資料，替所有加盟餐廳的供應鏈建立體系。除此之外，還有廣告、徵人，以及整合外送宅配和其他通路的功能。

圖 8-1　再惠提供的服務。

服務	內容
品牌曝光	• 除了既有的外送服務，還提供電商服務、宅配App和廣告投標服務、促銷及成本效率高的投資報酬率（ROI）。 • 可無條件接受行銷指導。
建立多通路接觸點	• 除了既有的行銷通路，還支援微信交友圈、小紅書、抖音及其他主要短影音直播通路。
行銷自動化	• 分析大數據，正確貼近目標消費者，深入挖掘消費者的需求。 • 從會員區隔到顧客獲取，都會根據相同的門市或地區別指標，指導對方如何解決課題。
外送平臺成套媒合	• 深入分析品牌分類，將品類數量、品類排名以及最小庫存單位（Stock Keeping Unit，簡稱SKU）標準化。 • 找出產品的優點，反映在包裝或產品價格上。 • 從曝光、進軍門市、訂購以及產品維護等4個方面來管理。
採購管理SaaS	• 提供中小規模門市也可使用的採購系統，取代複雜的溝通和零散的Excel。 • 各個門市能透過採購系統自行操作下單，訂貨時會自動和供應商同步，並計算相對應的統計資料。
簡單的商品維護	• 自由建立商品資訊，與各門市自動同步，操作一次即可與多家門市共享訊息。 • 建立商品資訊後，各個門市就可以馬上看到相對應的商品資訊，付諸行動訂購。

（續下頁）

服務	內容
多通路收銀系統	• 藉由搭配方便安裝的POS收銀機、會員等級以及容易獲利的一鍵支付，來提升收銀和訂購的效率。
明確的財務調整	• 即時顯示訂購資料。 • 能藉由一鍵匯出應收帳款／應付帳款科目的功能，根據各個期間、入庫狀態、購買日及其他不同的角度加以合計。 • 一眼就能核對獲利資料，將資金存進帳簿，正確掌控生意狀況。
人事管理系統	• 整合招募、排程、出席、休假、計算薪資以及其他商業情境（business scenario），支援管理人員透過手機高效管理門市的日常業務。 • 支援專門招募藍領勞工的平臺。
智慧型排程	• 配合門市的實際狀況，自由建立交班資料。 • 門市所有的人員皆可交班。
上下班管理	• 協助員工上、下班打卡。 • 藉由GPS和時間標記（timestamp）核驗空間和時間核驗，保證上班資訊的正確性。
及時取得門市經營資料	• 使用大數據分析系統，取得周邊品牌類別的門市展店狀況。 • 藉由品牌競爭力分析及時掌握問題，進行診斷分析。

從包裝到價格，AI指導

具體來說，引進再惠後會發生什麼變化？現在就以虛構的中式餐廳「成嶋亭」為範例，重現情況。

自從爆發新冠疫情，外帶需求暴增。成嶋亭想出新的外帶餐點炒飯便當。並使用再惠架設自家公司的電商及刊登關鍵字廣告（search advertising）。

另外，再惠有「複合通路接觸點」的功能，與抖音、小紅書及其他熱門SNS合作。所以成嶋亭立刻在抖音上播放製作炒飯便當的短影片，打出「發布感想，就便宜○○元」的促銷方案。結果，訂單就一口氣暴增。查看購買使用者族群及購買記錄，可發現「來自約二十歲使用者的訂單激增」。

另外，再惠還有個特徵，是**AI能提供行銷指導**，例如：

「建議炒飯便當做這個大小。」

「折扣一〇%應該會更賣。」

「其他店的炒飯便當定價七百日圓時，賣得最好。」

「這個包裝不太賣。」

店家只須決定預算，AI就會給予這類策略建議。

對於獨力經營的成嶋亭來說，「採購管理SaaS[2]」很可貴。這會與微信支付聯動，自動幫忙管理哪個餐點賣了多少等資料。

再者，可設定用在餐點上的材料和公克數，所以能從每個餐點販賣數量，計算出哪個材料耗費多少。就算不開冰箱，也會知道哪個食材差不多該進貨了。而且，這項資訊會同步給農家（供應商）知道，和其他加入再惠的餐廳共同採購。像這樣一次進貨之後，就可以及時採購便宜的材料。

因為是共同採購，就可以跟大型供應商交易（相對其他連鎖店，獨自經營的小

2 Software as a Service，軟體即服務。一種軟體交付模式，軟體僅須透過網路，不必經過傳統的安裝步驟即可使用，軟體及其相關的資料集中代管於雲端服務。

店，由於需求量不大，所以大型供應商往往不願供貨），對於成嶋亭來說也很可貴。更因此大幅削減材料損失。

另外，還有一個選擇是使用中央廚房[3]。一人份料理加工一次就可以交貨，所以提升食品的使用效率，延長保存期間，降低更多成本或人事費。

財務資訊也很方便查閱，銷售額和進貨是在同一個平臺上處理，單日、單月銷售額、開支及獲利一目了然。

就像這樣，能取得支付資訊、訂單、光顧、材料、繁忙情況及其他所有資料，有助於每天改善問題。即使像成嶋亭這樣在城市裡獨立經營的中式餐廳，也能實現數位轉型。

餐廳和使用者的成長循環

再惠會提供數位轉型服務給個人經營的餐廳。

他們的經營理念是互助，「即使是渺小的個人店家，集結、合作之後也會產生龐大的力量」。進貨材料也一樣，比起單獨進行，多個店家集合起來購買，就可以用更低的價格買食材。

另外，就前述例子來說，雖然同樣推出炒飯便當的店家是競爭對手，但在共享「哪個價位會賣」、「哪種包裝賣更好」的資訊，提升服務品質之後，雙方都能獲得很多訂單。而且，前面提到由AI做行銷指導之所以可行，就是因為集結許多餐廳，才能累積大數據。

共享資料後，即使是個人店家也可以實現數位轉型，改善服務品質或業務。如此一來會產生

3 將餐廳內提供的餐點集中在一個地方製造或加工的據點。優點在於能夠高效穩定供應大量的料理。

圖 8-2　再惠的商業方案：商家增加供給，使用者也會跟著增加。

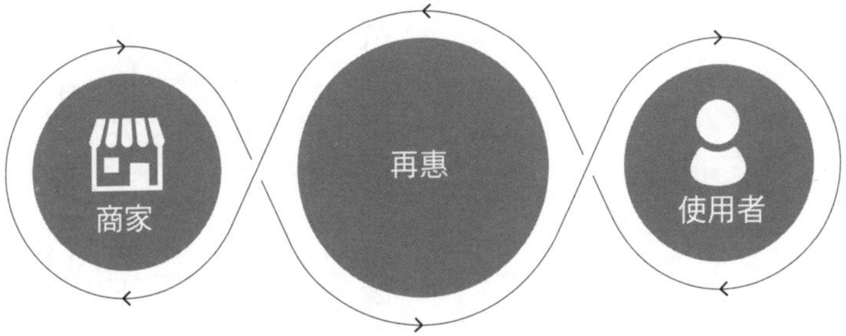

出處：根據再惠官方網站製作而成。

更多需求。

再惠的官方網站刊登的圖片，以淺顯易懂的方式呈現這一點，如上頁圖 8-2 所示，右邊是使用者，左邊是店家，而中央則是再惠的平臺（包括掛在再惠底下，經 API 協作的各種 App）。

左邊的店家只要透過再惠增加供給，右邊的使用者也會增加。需求增加之後，店家的供給也會增加更多。店家和使用者會在這種循環中成長。

微型企業或個人店家在商務中容易處於不利的狀況，但當他們集結一起後，也能變成強勁的集團，實現永續的經營。

3 人資好幫手，聆聽員工心聲的個人助理

「為什麼這幾年都沒加薪？」
「不管怎麼表達要求，主管都選擇無視……。」

只要在公司工作，從考勤、待遇、晉升、人事異動，到與主管或同僚之間的人際關係，都可能產生大大小小的不快。然而，不滿或抱怨都難以傳達給公司，或許這和公司的規模或體制有關。另外，就算求助主管，對方多半很忙，很難顧及每個部屬的想法。結果，員工只能忍耐或在居酒屋、SNS抒發。

不過，以Z世代為代表的年輕一輩，要是沒有馬上消除心中對公司的不滿，像是「在公司受到不當對待」、「就算求助，問題也沒有解決」，其忠誠度會逐漸下降，最終辭職，跳槽到下一家公司。因此，對於今天企業防止人才外流的課題來

說，傾聽和處理每個員工抱怨或申訴，越來越重要。

然而，許多企業不想花太多人力在這上面，於是委外處理，更不會在公司內部累積相關的專業知識。

聊天機器人就是為了改善這一點而產生的服務。用一句話形容，就是個人員工助理。只要輸入疑惑或提問，AI就會自動分析並辨識某事該不該處理。接著從應處理的事情中，回應馬上能回答的問題。而無法即時回覆的，就會與其他App或業務系統合作解決，再不然就是促使相關部門行動。

超過半數的申訴，都由AI回答

聊天機器人能以閒聊形式輕鬆的傳送訊息，讓員工容易說出平常對公司的不滿或申訴。就像在SNS抒發一樣，提供匿名環境讓人安心的發牢騷。

這些抱怨，不會只從一家公司匯集，而是向註冊聊天機器人的所有公司蒐集，慢慢累積成大數據讓AI分析，並劃分成要自動回答和人力解決兩種。聊天時傳送的申訴，約有六成可以交給ＡＩ回答。

此外，聊天機器人的一大特徵，在於公司有責任處理申訴，所處理方式是員工事後評價的對象，且會當成資料累積和公開，變成別人對該公司的評價。「是否傾聽員工的不滿或要求」會成為指標，進而大幅影響招募。

企業靠ＡＩ即時處理員工的問題，不但幫助人事部門減輕負擔，還同時提高當事者和人事部的忠誠度。

一般來說，當人感到不快時，會找別人聆聽煩惱，謀求人性化的解決方式。而最尖端科技企業會讓員工先對聊天機器人傾吐，先處理ＡＩ能解決的事。

員工的牢騷，是企業的一大武器

從「匯集小力量後會變成大力量」的意義上來看，聊天機器人的機制也和再惠商務方案非常相似。若將聊天機器人的方案仿照再惠官網刊登的圖片，做成圖解，就如下頁圖8-3所示。

左邊是想要提升員工忠誠度留住更多人才的企業，右邊是對公司或職場有所不滿的員工。多家企業將這些聲音匯集到一個平臺，假如有類似的抱怨，系統可以生成解決方案，再向員工提出。

人們逐漸認知到提升員工的工作投入度（Work engagement）是企業的重要課題，市面上也可以看見許多強調「工作投入度可視化」的HR[4]工具。可是，想要了解職員對工作的投入程度，充其量只有經營高層，假如不能對該名員工提供具體的工作價值，就沒有意義。

員工的心聲會匯集到聊天機器人，

圖 8-3　聊天機器人的商業方案。

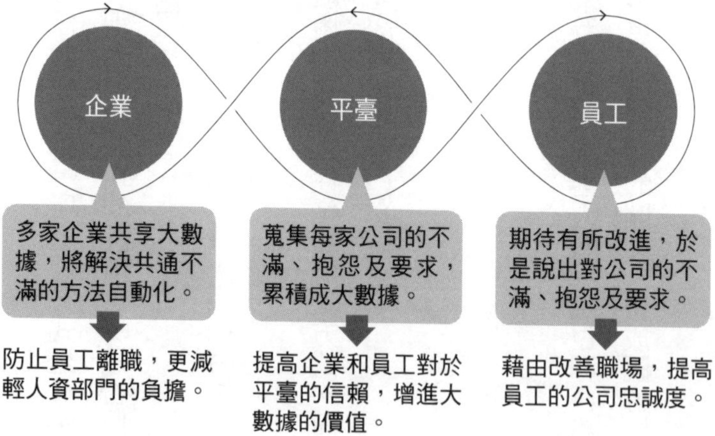
企業
平臺
員工
多家企業共享大數據，將解決共通不滿的方法自動化。
蒐集每家公司的不滿、抱怨及要求，累積成大數據。
期待有所改進，於是說出對公司的不滿、抱怨及要求。
防止員工離職，更減輕人資部門的負擔。
提高企業和員工對於平臺的信賴，增進大數據的價值。
藉由改善職場，提高員工的公司忠誠度。

是因為期待公司能改善，所以才會主動說出來。

就如目前為止本書不斷談論的一樣，以接受資料提供為前提，「對方能否提供價值或優勢」的觀點會很重要。

因少子化導致勞動力減少的時代，要是不重視員工的牢騷並改善其忠誠度，年輕世代會馬上放棄公司，爽快離去。

與其讓員工在SNS碎念，不如在公司內營造讓人安心發牢騷的環境。這種大膽的想法和機制，也是所有企業可以學習的地方。

4 Human Resources。指企業管理上所有關於「企業方面活用人力資源」的領域。包含招募、人才培訓、人事評估、勞務管理及經營管理等。

破壞式創新的特徵整理

● 保持匿名，蒐集和匯整煩惱

餐廳和員工難以順利表達各自的煩惱或課題，更難找其他同行或公司共享。不過，有些平臺由於能匿名，所以使用者願意分享煩惱，而平臺蒐集這些問題整理成大數據，並依類型提供相對的解決方法。

舉例來說，再惠匯集多間店家包含販售或進貨等數據，接著用ＡＩ分析數據，為這些店提供行銷指導或共同採購等服務。而聊天機器人透過閒聊，蒐集職員對公司的不滿或要求，再靠ＡＩ自動回答。

處於弱勢立場的個人經營餐廳或員工，可輕鬆共享這樣的課題或煩惱，從而找出解決方案。

●大數據帶來自動化和經營效率

當小餐廳聚集起來，共享支付資料或者是進貨資訊後，就可利用大數據提升經營效率。

再惠是餐廳餐點的銷售管道，會自動顯示什麼材料要用多少，再通知適當的進貨時間。而且能聯繫上游的進貨業者，跟其他餐廳共同採購。不但比單一餐廳訂購更能節省成本，也不必承擔多餘的材料，消除存貨損失。

聊天機器人則是蒐集牢騷整理成大數據，其中六成提問由AI自動回答來解決。減輕人事部門的業務負擔，同時成功提升員工的忠誠度。

●一群小蝦米集結為一大勢力，替對立結構帶來變化

資本主義經濟的理論中，存在類似大型購物中心和附近商店街這種「大型資本vs.微型事業主」的結構，產生後者因前者而逐漸被淘汰的現象。

不過，當處於弱勢立場的微型事業主集結起來，共享數據後，也能形成對抗大型資本的一大勢力，再惠就展示出這種「新資本主義」的可能性。

另外，「企業對員工」也是對立結構，不管怎樣員工都處於弱勢。而透過聊天機器人，蒐集其不滿，進而促使公司改善，從這個意義上來說，似乎也顯示出新勞資關係應有的模樣。

「小魚」集結後擁有不輸給「大魚」的力量。最新科技企業平臺正是實現了類似《小黑魚》的解決方案，帶來變化，逐漸消除「大型資本對微型事業主」和「企業對員工」的對立，進而帶來平等。

第 9 章

科技平等化，小白也能操作

關鍵字　科技平等化

1 尖端企業紛紛轉向平板操作

某天，我的朋友帶著就讀小學的女兒出來玩。他女兒問我：「您的工作是做網購，對吧？電腦也可以網購嗎？」

二〇二一年，日本《青少年網路使用環境實況調查》指出，青少年（十至十七歲）的網路使用率為九七．七%，幾乎達到一〇〇%。

若以連線機器種類來看網路使用率，智慧型手機為七〇．一%，平板電腦是三七．九%，筆記型電腦為二二．四%，桌上型電腦占八．四%。

附帶一提，該調查從二〇〇九年開始，當時電腦使用方面有六七．二%回答「跟家人一起用電腦」，由此可以**窺見這十年來，就連國中和高中生紛紛遠離電腦，親近手機**。

對小學生來說，就算知道電腦是文書處理和操作試算表軟體的工具，不曉得可以用電腦來購物，也是無可奈何的。

從小就離不開手機的Z世代或Alpha世代[1]，逐漸成為主流消費者。因此，現今世界最新科技企業提供的服務漸漸以行動優先[2]。再者，今後Z世代和Alpha世代他們會陸續踏入社會，還會肩負勞動力的骨幹。因應這一點，行動優先慢慢滲透到B2B世界中。

無須電腦技能，確保多樣化人才

一九九五年，微軟作業系統Windows 95發售，以往只有部分專家或發燒友才有的電腦，趁機進化為人手一臺的商務工具，Word和Excel成為商務人士的必備技能。還記得二〇〇〇年代初期，我這個社會人士也拚命學習Word和Excel。

1 指二〇一〇年後出生的世代，Z世代的下一個世代。

2 Mobile First，從行動裝置（手機、平板等）開始產品設計，然後擴展其功能，打造平板或桌面版本進行最佳化的內容。

然而，現在這也是過去式了。對於最近年輕一輩來說，電腦操作起來很困難，有敬而遠之的傾向。

因此，在 B2B 領域中，**世界最尖端企業大幅轉向「無電腦」**。

由於世界進入人口減少的局面，確保勞動力越來越困難，所以工作中使用的裝置，也要從複雜的電腦或儀器類，替換成年輕族群熟悉的手機或平板電腦。

主流裝置從電腦到手機，再到 IoT[3]，任誰都能以低價取得和使用高度的 IT 技術，本書將這個現象稱為「科技平等化」。

仔細想想，過去高價又難懂的電腦，因為個人電腦出現而變得不管是誰都會用，這股潮流也稱得上是科技平等化。而現在在最前線牽引主流的則是手機。

2 一臺平板就能管理整個賣場

百度[4]經營的愛採購是B2B導向的電商購物中心。

假如在這個購物中心搜尋「收銀機」，搜尋結果會出現一排橫短豎長的平板型收銀機（見下頁圖9-1），而非我們常見的收銀機機械。這些平板型收銀機和手機App聯動，賣掉的商品或來客狀況會同步在收銀機上。

愛採購也販賣第七章提到的智慧型停車場系統。升降桿和平板電腦是成套的，一臺平板電腦可以管理一百輛汽車。

---

3 Internet of Things，住宅、建築物、家電產品、車子等「物品」透過網路，連接到伺服器或雲端服務上，互相交換資訊的機制。譯為「物聯網」。

4 中國最大的搜尋引擎。傲居中國內七〇%以上的搜尋市占率。世界搜尋市占率僅次於谷歌、Bing和其他網站，位居第五名。

若想在自己的土地經營停車場，其大小可停三百八十輛車，那麼只要買和設置四臺平板電腦、四份 App 年度帳戶資料及一組升降桿套組，就可以馬上經營停車場。

與日本停車場系統平均一組要花幾十萬日圓相比，愛採購販售的系統平均一組兩千六百日圓起跳。初始費用不只壓低到九〇%以上，之後的運作成本只須付年度帳戶資料費便能了事，以相當低的成本經營停車場。

圖 9-1　傳統收銀機就算搜尋也查不到。

出處：愛採購。

透過App使用停車場系統的優點，是安裝或更新新功能便能馬上使用。例如，安裝AI識別車牌再自動支付的系統後並更新App即可。

在以前，不論收銀機系統或停車場系統，一旦更新功能，就得更換設備，先不說花多少錢，光是按鈕位置或排列變動，使用者就得重新熟悉操作。

平板型B2B機器不只降低導入時的初始花費，也能減少更新的成本或負擔。

行政代書或司法代書，也能放進購物車

另一個案例是愛企查[5]，以日本來說，就是由帝國資料銀行[6]這種處理信用資訊的企業所經營的電商平臺。愛企查主要經辦的是B2B導向的代書服務。

愛企查的首頁，將開設銀行帳戶、納稅及申請商標等代書服務排成一行，這些

5 百度提供的中國企業目錄網站。
6 日本最大型的信用調查公司。擁有國內最頂級的企業資訊資料庫。

服務的機制也和電商一樣，只要放入購物車，就可以買。

比如，購買開設銀行帳戶服務，透過微信支付交易，在湊齊網站上記載所須文件的兩週後，就能開設銀行帳戶，存摺和現金卡也會送到手邊。

日本這種專家服務的網站各自為政，難以比較價格、服務內容或交期，而且還必須分別委託報價，選擇看起來優良的公司洽詢，比較公家公司回答的報價或交期再下單，轉眼間，一、兩個月就過去了。

圖 9-2　就像網購一樣，專業服務也能丟進購物車。

出處：愛企查。

而愛企查將這些服務匯集到電商平臺上之後，就能直接比價或交期。另外，平臺有其他使用者留下的評語，讓人輕鬆比較和研究。透過這種服務，就能搭配企業信用資訊，降低使用專業服務的門檻。

工廠的機械也能像 PlayStation 一樣運作

製造或物流之類的工廠現場，近年來因 AI 和機器人技術發展快速，製造和物流等，開始堆動智慧型工廠（結合 IoT、數據、運算、AI 和自動化等技術，把傳統製造業轉換成，可收集製造過程中的各項數值，提高生產效率）。同時，工廠內機械也替換成手機或平板來操作，這裡也正實現科技平等化。

甚至出現仿造 PlayStation 控制器（遊戲握把）的操作儀器。對於年輕一輩來說，能以熟悉的手感來操作機械。

AI和IoT技術發達，機械變得更容易操作，本來容易給人「3K[7]」負面印象的工廠，因此產生前所未有的可能性，吸引多樣化人才，變成熱門的職場。

另外，只要改變App的語言設定，外國人也可以輕鬆操作，勞動市場正向全球打開。

某座中國工廠的生產線，由住在東南亞的工程師以經理身分指揮——這樣的未來或許也不遠了。

3 沒有真人的客戶服務

說到客戶支援部門（客服），或許有些人腦中會出現這樣的畫面：戴著頭戴式耳機的接線生排排坐著，看著電腦處理諮詢、訂單或申訴。

相信很多人打電話給客服，都有「無法順利接通」、「沒有掌握以前的諮詢內容」、「電話被轉來轉去」等經驗。

對於部分企業來說，不想花太多人事費或設備成本在客戶支援部門上。因此，完全沒有改善應對顧客的品質，無法消除使用者的不滿，更不可能提升該部門員工的士氣……往往陷入這樣的惡性循環。

客戶支援部門方面，騰訊發展出 B2B 導向的微信客戶服務，活用微信來改善

---

7 指日文的骯髒〔Kitanai〕、危險〔Kiken〕及辛苦〔Kitsui〕。

與顧客的溝通。

LINE 也有法人導向的服務，如 LINE 官方帳號或 LINE WORKS，藉此與使用者溝通。然而，站在使用者的立場，要用私人帳號與企業或店家的負責人這些「不熟的人」溝通，可能會有些猶豫、抗拒。

關於這一點，微信客戶服務則更進一步，不需要透過個人帳號加官方好友，就跟企業溝通。接下來，我會透過範例來說明微信客戶服務的機制和步驟。

邊聊邊解決問題

假設你是某品牌的客戶支援部門人員，與可能對商品感興趣的顧客A交談。

A在品牌網站按下諮詢鍵後，便跳出微信客戶服務的邀請 QR Code。A讀取圖碼後瀏覽客戶支援的帳號，最後與你交談。A不必提供自己的微信帳號，就能以類似 LINE 對話方式，提出商品尺寸或存貨之類的問題。

基本諮詢是由聊天機器人自動應答，若A問的比較詳細時則由你（接線生）透過藍牙耳機回答，還可以透過影片或電話交談。

微信客戶服務也發布OpenID[8]，你可推薦A取得暱稱或頭像作為預售用，或先邀請對方加入品牌的粉絲團。

這樣一來，就會加強與潛在顧客A的溝通，提升成約的機率。

成約前的溝通或顧客動向的紀錄，如所有的訊息、聲音或影像都會記下來，接線生和潛在顧客隨時可以回顧洽詢內容。

你服務A到最後，成功與他正式簽約。之後，你繼續和A在微信上溝通商品的使用方法、售後保養、新商品的相關資訊等，同時提升顧客契合度。對於客戶支援的滿意度調查，也可以在微信上委託辦理。

另外，微信支付的交易資料或信用評分也會連結起來，能掌握和分析A以往的消費動向，以量化方式評估其忠誠度。

這套機制可以活用在顧客培育上，像是根據忠誠度替顧客分類、介紹新商品、

8 去中心化的網上身分認證系統。對於支援OpenID的網站，使用戶不需要新設用帳號和密碼。

提出向上銷售[9]的方案、邀請對方參加線下活動等。

無人櫃臺，接待只用 QR Code

就像這樣，微信客戶服務活用通訊軟體能輕鬆溝通的優點，透過洽詢到售後追蹤一連串的過程，加強與顧客的溝通。

而且，企業要負擔的成本只有接線生和手機，不需要擁有電話服務中心的據點，不但減少花費，還能提升顧客契合度。即使接線生在家也可以工作，換句話說，未來可以活用主婦和其他潛在的勞動力。

今後企業和顧客的接觸點會像微信客戶服務一樣，藉由行動優先，維持（或提升）顧客滿意度，且系統會更加簡化。

比如大企業辦公大樓的某個櫃臺，也可以用一個 QR Code 搞定。我們來設想一個常見的磋商情境：

A公司負責人和B公司負責人說好要去B公司商談後，B公司負責人傳了QR Code給A公司負責人。

拜訪當天，A公司負責人來到辦公室附近之後，透過科技感應位置資訊，B公司負責人的手機收到推播通知。

A公司負責人進入辦公室，那裡沒有常見的綜合櫃臺，而是貼著QR Code。用手機讀取後，資訊自動聯動到微信。這時安全區域解鎖，讓A公司負責人能前往要去的會議室樓層。

A公司負責人的手機會顯示怎麼走到會議室，就像通過車站自動剪票口一樣，他用B公司負責人給的圖碼便可穿過安全門。

移動途中有自動販賣機，這時A公司負責人的手機收到訊息：「要不要喝飲料？」透過QR Code，他就可以免費點喜歡的東西。

A公司負責人用QR Code解鎖會議室大門，B公司負責人已在裡面等待，兩

9 Up-selling，指鼓勵消費者購買等級更高的產品或服務。

人順利展開商務談判。會議有沒有準時舉行，誰在室內，會自動化為資料。

這樣的情境並非我的妄想，而是尖端企業開創的現實。

就如這個案例一樣，只要有一臺手機（硬體），接著利用 App 或 QR Code，就可以接受或提供服務（軟體）。手機還藏著人們沒有察覺到的潛力——這些最新型科技企業的案例暗示了這一點。

破壞式創新的特徵整理

●科技平等化，招來多樣化的人才

以Z世代為中心的年輕族群不只是消費者，在勞動市場中也是主角。商務領域中，因此改變裝置的標準，從電腦過渡到手機。這樣一來，任誰都能輕易操作需要高度專業的科技，這種現象在本書中稱為科技平等化。

假如從企業的角度來看其優點，首先，藉由降低專業知識或技能的門檻，勞動市場會變得更開放，拓展多樣化人才的可能性。此外，透過更新App，能追加和變更功能，不需要每次替換硬體，能大幅減少成本。

●容易操作，提升顧客體驗

從使用者的觀點來看，手機的操作模式簡單、容易使用，所以能帶給顧客良好體驗。

代書服務 B2B 網站愛企查平臺能輕鬆比較專業服務，且像電商一樣能輕鬆購買，在專業性高且比較困難的領域中，提升顧客體驗。而微信客戶服務是將微信活用在客戶服務上，以通訊軟體的直覺性操作，大幅改善與顧客的溝通。

● 簡單而便宜，推動數位轉型

用最新的科技變革顧客體驗或工作方式，並不是數位轉型唯一方法。將普及的設備或技術，變得每個人都可以使用（就是本章節一直提到的科技平等化），是從另一個面向加速數位轉型。

第八章介紹的再惠，提供平臺讓餐廳使用各種數位服務，從這個角度來看，再惠稱得上是推動數位轉型的企業之一。

而智慧型收銀機或智慧型停車場，透過便宜的硬體壓低初始成本，每個人都可以輕鬆引進，也間接推動數位轉型。

第 **10** 章

製造業新潮流：軟體差異化

關鍵字　新製造

1 硬體不變，追加軟體就能收費

在本章，會稍微改變視角，將焦點放在日本企業從以前就擅長的「製造」，也就是硬體[1]。

製造業持續牽引二戰後日本的經濟成長。汽車、家電、精密儀器及其他各個市場中，日本製造商不斷提升商品功能和設計，培養出傲視世界的技術力，因此成為經濟大國，在當時更被稱為「日本第一」。

然而到了現代，大多產品正面臨商品化[2]，僅靠功能和設計難以做出差異，許多日本企業面臨苦戰，市場慢慢被中國或韓國製造商搶走，代表日本的大企業淪落破產。

另一方面，**世界市場產生「新製造」潮流，意思是藉由軟體而非硬體，找出差異**。將功能從硬體中切割，在軟體上追加功能或版本升級，再透過更新帶來的追加收費或訂閱服務，來提高顧客終身價值（顧客在特定期間於某產品上的花費總額。也就是說，企業可以期待每個客戶為公司貢獻多少。客戶在該公司花費的時間越長，終身價值越高）。

其中一個例子，是發源於中國的智慧交通[3]製造商賽格威九號[4]。

儘管新型二輪車等智慧交通在硬體層面上引起關注，不過本書接下來要探討的是，「如何透過 App 來控制行駛速度，並藉由追加收費，逐步解除其他功能」獨特的販賣方法。

1 電腦、螢幕、智慧型手機，以及其他組成整個電腦系統的儀器總稱。

2 commoditization，當初投入市場時擁有高附加價值的產品或服務，因市場活性化和其他公司的加入，使得功能或品質喪失差異。

3 利用先進科技於車輛及道路設施上，協助駕駛對車輛之控制，以減少事故及增進行車安全。主要包括防撞警示及控制、駕駛輔助、自動控制橫向與縱向等。

4 Segway-Ninebot，中國次世代製造和販賣智慧交通的企業。二〇一二年創辦「九號機器人」（Ninebot）公司。二〇一五年併購美國賽格威（Segway）公司。

吉列模式的進化版

切割硬體和軟體，藉由升級後者以長期獲利，其實這種商業模式並不新奇。吉列模式（Gillette Model）是刮鬍刀製造商吉列想出來的商務策略——免費或低價提供刮鬍刀刀柄，讓顧客持續買替換率高的刀片，藉此提升長期獲利。

吉列模式正應用在各領域中。

以日本來說，知名例子是精工愛普生[5]、佳能[6]或其他辦公室自動化機器[7]製造商的印表機生意。另外，以任天堂[8]紅白機為代表的家用遊戲機，也是藉由遊戲片而非主機來獲利，這就是吉列模式的一種。

賽格威九號屬於販賣硬體加上「軟體追加收費和訂閱制」，可視為吉列模式進化版。

另外，這種商業模式的巧妙之處，在於透過手機或平板取得龐大的使用者資料，並活用於改良軟體，或針對每位使用者提高一對一行銷服務體驗。

另一個案例要介紹的是中國第一AI企業科大訊飛[9]的學習平板電腦。這項產品會汲取孩子的考試分數或筆記作為資料，讓ＡＩ學習，以開發新的教材內容。換句話說，使用者也是軟體的「共同開發者」。而且，這份資料完全是在封閉的環境下取得，對企業來說是獨一無二的資產。

說得誇張一點，就是創造價值的源泉，漸漸從技術力和設備，轉移到使用者資料上。

每次追加功能，就販賣新款硬體的做法，逐漸成為過去式。

5　Seiko Epson，經營資訊相關儀器和精密儀器的日本大型電機製造商。
6　Canon，製造電視、影像機器、印表機及影印機等產品的日本大型精密儀器製造商。
7　Offie Automation，簡稱ＯＡ，指意圖將辦公室業務自動化的儀器。包含電話、電腦以及影印機等。
8　開發、製造及販賣玩具和電玩的日本企業。
9　iFLYTEK，專攻語音技術和AI技術的中國軟體企業。主要以語音辨識和語音合成等技術為本，開發語音通訊軟體、晶片產品及資訊服務等。

2 賽格威九號：客製化促銷

新型智慧移動正受到矚目。日本以新創企業 LUUP[10] 為首，與自治團體合作推動電動滑板車租賃事業的案例引人注目。在歐美先進國家，電動滑板車相當普及，更有人預計在二〇二六年以前，智慧移動市場規模將超過九百億美元。

這份榮景的背後，來自一個曾號稱世紀大發明、夢幻交通工具的產品，但現在幾乎看不見其身影。那就是賽格威。

二〇〇一年出現的賽格威，是附有大輪胎的站乘式二輪車，行駛方式是將重量壓在想去的方向，同時傾斜橫桿。雖然獲得很大的關注，但這項產品在二〇二〇年七月悄悄停止生產。

難道賽格威不是世紀大發明，而是世紀大失敗嗎？

其實並非如此，這份 DNA 由新型智慧移動繼承下來。

二〇一五年，賽格威被中國公司九號機器人併購。這是前景可期的新創企業，接受手機和 IoT 大廠小米[11]的支援，開發短距離移動用機器和服務機器人。

該公司藉由這次併購轉生為賽格威九號，陸續發行電動二輪車、電動滑板車、智慧型服務機器人及其他產品。新興新創企業在群雄割據的智慧移動市場中，確實提升了存在感。

更新 App 就能提升性能

賽格威九號（以下簡稱九號）發展的商品從單輪車、滑板車及卡丁車，逐漸擴大範圍，即使是同系列產品，也會配合行駛速度和其他性能，設置多種產品陣容。

一般來說，即使是同品牌的汽車，提供的車種（硬體規格）也會依排氣量、最

10 提供租借共享腳踏車和共享電動滑板車服務。

11 創辦於二〇一〇年的中國智慧型手機和綜合家電製造商。

高功率、油耗、車內寬度及其他規格而異。而九號的獨特之處在於主機完全沒變，規格差異由 App（軟體）來控制。

我買過二輪型產品「S-PRO」，現在向各位分享使用體驗。S-PRO 繼承賽格威的技術，將重量壓在內側就會前進。在預設狀態下，S-PRO 限制加速速度，只能低速行駛。不過這個產品有個機制是，只要達成某些條件，就可解除速限，如 App 會顯示：看幾個說明影片、打開 GPS、再使用 S-PRO 三天等，就能以速度〇〇公里行駛。像這樣誘導使用者解除限制。

對我們來說，能升級 S-PRO 功能當然比較開心，所以會老實照著 App 的提議行動，逐步解鎖功能。產品功能靠手機 App 控制，所以硬體本身維持不變，只有速度會升級。

就這樣，我逐漸習慣駕駛一步步升級的 S-PRO。有一天，我的手機收到九號的訊息：「只屬於你的特別邀約，另售卡丁車限定套件！」

我毫不猶豫按下購買按鈕，幾個月後，卡丁車的套件就送過來了。

S-PRO 裝上套件後，就變身為四輪卡丁車了（見左頁圖 10-1）。雖然規模不同，卻讓我想起孩提時改造迷你四驅車時興高采烈的心情。

升級成卡丁車後，App顯示了烏龜、兔子、袋鼠等圖示，將限速分為三階段。只要達成某些條件，一樣能解除限速。

就像這樣，二輪車和卡丁車的硬體不變，靠App製造差異，透過追加收費和訂閱制賺錢——這就是九號商業模式的特徵。

針對使用者提供最佳促銷

九號另一個特徵，是把從App蒐

圖 10-1　S -PRO **連外型都能變。**

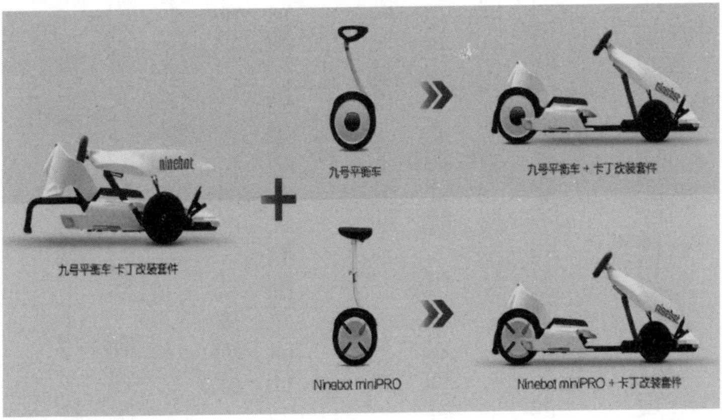

出處：賽格威九號。

集到的行駛資料，會活用在個人促銷上。

前面談到我接受特別邀請，購買追加套件將二輪車變身為電動卡丁車。經詢問，我才發現九號根據 S-PRO 的行駛距離資料和微信支付的交易紀錄，確認使用者有一定的實際行駛成績，且預估具備購買力，才會傳送祕密邀請。

「幾乎沒使用。」、「這個人會定期搭乘，卻是以低速行駛。」就像這樣，九號因應每個使用者的使用記錄或購買力，提供相對的行銷策略，大幅削減以往的行銷成本。

除此之外，九號藉由軟體掌控性能的商業模式，還有很多優點。

首先，只要下載，就能升級軟體，無須特地開發和生產新硬體，可望大幅降低成本。另外，軟體的骨幹規格不會洩漏到外界，提升企業應有的機密性。

再者，交通法規依國家而異，所以軟體可針對每個國家改變不同限制和其他地區設定[12]，超越法規阻礙，回應全世界的市場。

類似九號這樣，藉由使用者和 IoT 溝通，靠軟體控制功能的構想，可以窺見「IT× 製造業」未來的一部分。

3 科大訊飛的聲音辨識系統，連美國政府都怕

近年來，智慧型揚聲器廣泛滲透到日常生活中。

說到開發語音助理技術的科技企業，就會出現亞馬遜的 Alexa 或蘋果的 Siri。事實上，中國企業科大訊飛比亞馬遜或蘋果更值得一提。這間公司也在開發從軟體做出差異的產品。

科大訊飛創辦於一九九九年，在語音辨識和語音合成的領域上，他們擁有世界頂級的技術，核心事業是搭載智慧型揚聲器語音辨識引擎的語音辨識 AI。**該公司開發和販賣一般消費者導向的自動生成文字錄音筆和自動翻譯機**，也在日本發展事

12 locale，為了讓軟體能在特定地區或語言下使用時所進行的各種設定。設定包含使用的語言、日期和時間的顯示格式、以及貨幣單位等。

業。其光學字元辨識[13]技術號稱世界頂級。

另外，在醫療領域中，科大訊飛會提供適合醫療機構的助手機器人和ＡＩ解決方案，前者會自動打電話給患者說明投藥或飲食之類的相關資訊，後者則會對照血壓計資料和大數據，分析和進行生活指導。日本總務省[14]在二〇二〇年的《資訊通訊白皮書》指出，許多醫療機構因新冠疫情而引進助手機器人，一分鐘就打九百通電話，呼籲民眾確認身體狀況或預防感染。二〇一七年，該公司開發的ＡＩ機器人通過醫師國家考試的筆試也引爆話題。

二〇一七年，美國麻省理工學院的技術雜誌《麻省理工科技評論》（*MIT Technology Review*）公布「五十家最聰明企業」（50 Smartest Companies），科大訊飛也在其中。該公司不只影響中國，也牽引世界的ＡＩ科技。

二〇一九年，美國商務部以「涉及打壓居住在中國新疆維吾爾自治區維吾爾族和哈薩克族的伊斯蘭教徒」為由，將科大訊飛加入「實體清單」（Entity List，貿易上限制交易的清單），表示**該公司擁有的技術能力連美國政府都戒備。**

獨家技術前鏡頭讀取文字

科大訊飛以語音辨識合成技術和文字辨識偵測技術為豪，開發和販賣一般消費者導向的AI學習平板電腦「T10」（見下頁圖10-2）。我實際取得了這項產品，為世界龍頭AI企業認真開發的學習教材精確度和機制吃驚。

T10是十三英寸的平板電腦型學習機，外觀和尺寸和iPad沒兩樣。搭載一千六百萬像素的彈出式前鏡頭，還附上專用觸控筆。透過前鏡頭，就可以掃描孩子寫在紙上的答案、筆記或題庫。

比如練習漢字的課程，前鏡頭會掃描寫在筆記本上的字，由AI分析其圖片再打分數（直接寫在螢幕上時，則會使用觸控筆，讀取筆跡）。算數課也一樣，掃描讀取寫在筆記本上的算式（或用觸控筆直接寫上去），自動計算後再打分數。

---

13 Optical Character Recognition，簡稱OCR。辨識影像資料的文字部分，轉換成文字資料的光學文字辨識功能。

14 職責類似其他國家的內政部或民政部。

讀取的精確度非常高，即使字跡有點髒汙也能正確掃描。AI不只會替答案打分數，還會針對答錯的問題出類似的題目，依照孩子不擅長的地方輔助學習。

另外，英文發音課程會由科大訊飛的語音辨識技術正確診斷發音，自動回覆分數和回饋意見。

考試等排行是以小學為單位或區分地區顯示，刺激孩子的競爭心。這種細微的劃分，跟小紅書及其他SNS激勵網紅的機制相通。

此外，假如某孩子的排名是九百九十五名，螢幕會顯示「九百九十名是〇〇分」，切換成戰鬥模式，遊戲要素也加得很充足，讓孩子享受提高成績的樂趣。

圖 10-2　科大訊飛開發的最尖端平板電腦 T10。

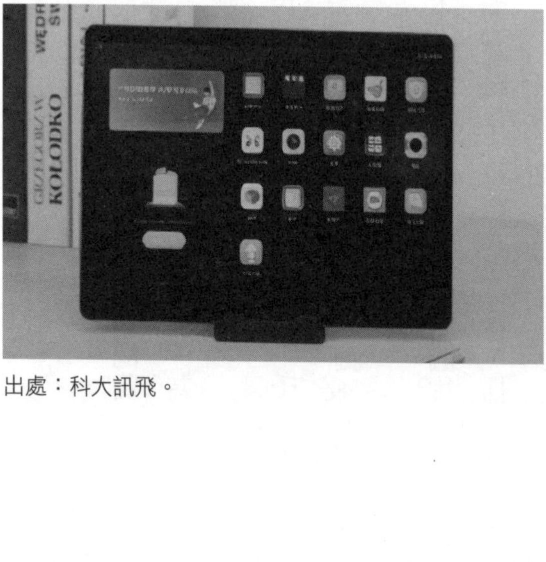

出處：科大訊飛。

T10前鏡頭的用途廣泛，還能感應眼睛到平板電腦的距離、坐姿或房間明亮度，要是孩子離螢幕太近，感測器就會起反應，敦促小朋友注意。這些報告統統會透過微信App，定期共享給家長。也會即時分享「孩子這天學什麼東西，學了多久」的資訊，讓雙親從旁輔助。

開發教育內容

科大訊飛T10的性能以學習平板電腦來說，個個都很突出。

平板電腦要用買的，但學習內容則是像Apple Store一樣，藉由額外付費來下載升級App。從這個

圖10-3　以超高性能攝影機讀取答案後生成大數據。

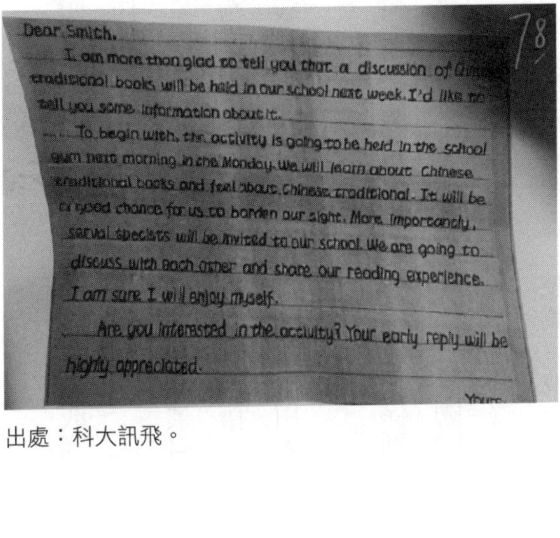

78

Dear Smith,

I am more than glad to tell you that a discussion of Chinese traditional books will be held in our school next week. I'd like to tell you some information about it.

To begin with, the activity is going to be held in the school gym next morning in the Monday. We will learn about Chinese traditional books and feel about Chinese traditional. It will be a good chance for us to borden our sight. More importantly, serval specists will be invited to our school. We are going to discuss with each other and share our reading experience. I am sure I will enjoy myself.

Are you interested in the activity? Your early reply will be highly appreciated.

Yours

出處：科大訊飛。

意義上來說，T10 有如九號，藉由軟體來獲利。

另外，還有個值得注意的地方，是 T10 會讀取孩子們的答案或筆記，生成龐大數據，也會取得使用者暫停的次數、時間等，作為製作教學影片的參考。

就像這樣，T10 從超過一百萬個使用者取得數據，由 AI 分析後，不但讓自動評分或解說的精確度日益提升，更因此開發超過六萬支學習影片、題庫或書籍之類的內容。也會把成績好的孩子留下的筆記，做成教育內容販賣。讓百萬個使用者成為共同開發者，產生多樣化的獲利機會。

透過高度的語音影片分析技術汲取使用者資料，來開發學習內容，不只關係到中國，也會大幅影響世界的教育產業，但隨之而來的是中國政府揭櫫大幅限制國內教育產業的方針。

二〇二一年七月，中國共產黨中央辦公廳和國務院公布所謂的「雙減政策」，要一併減輕「義務教育階段孩童學習負擔」和「校外教育課程（補習班之類）的補習負擔」。

該政策清楚記載 T10 和其他學習教材，必須當成非營利事業經營，說得直接點，這就意味著中國一千億美金的教育產業會瞬間煙消雲散。

由於這道雙減政策，中國的教育科技[15]想必會緊急減速。參與開發T10的AI工程師動向也受到矚目。

15 EdTech，由教育（Education）和技術（Technology）組合而成的新詞，統稱運用科技在教育領域中掀起革命的商業或服務。

破壞式創新的特徵整理

● 靠軟體做出差異化

以往的製造業是從硬體上提升性能和品質。而九號或科大訊飛則是從軟體做出差異。這樣一來，使用者就沒必要在每次更新就買硬體替換，企業也可以壓低開發和製造成本，技術不容易洩漏，且可依每個國家做不同的地區設定，進而打進全世界市場。

這些企業建立出雙重結構的商業模式——販賣硬體之餘，隨著軟體升級版本，而追加收費或採取訂閱制。

販賣軟體不靠以往的大眾行銷，而是根據汲取的資料，向每個使用者推出適合自己的行銷策略，這一點也是很大的特徵，巧妙煽動使用者的投機心理，如想提高卡丁車的速度、想在綜合排名中獲得更高名次等。

明確提出提供資料的優惠，是世界科技企業的巧妙之處。

因此，不再需要行銷費用，提供的商品改為升級資料或選購配件，根據資料來分類使用者，可壓低庫存風險同時去掉中間抽成，由製造商直接銷售。

●提供實際紀錄，讓企業改良內容

本書看到的案例是天天蒐集使用者的實際使用紀錄，活用在個人化方案或開發新內容上。

例如九號藉由搭車頻率或行駛距離，針對使用者提出增加速度或卡丁車版本升級的購買方案。科大訊飛T10，則將中國孩童使用者的學習內容或考試結果化為大數據，有益於內容開發。

換句話說，就是使用者提供實際紀錄，讓企業改良內容，既是共同開發者，也是共同行銷人員。

使用者的存在會讓軟體性能精益求精，加強差異化和個人化。

● 市場導向開發法

從製造觀點來看，本章案例開發產品的特徵是先做再說，因應使用者的使用狀況安裝追加規格。

購買 S-PRO 時，會預設行駛速度慢，每當行駛距離或使用頻率上升，就會逐漸解除速度和限制升級其它規格。科大訊飛的 T10 也一樣，購買時的新進階段是以遊戲式教學計畫為中心，以促進孩子的學習動機。隨著做完教學計畫，一步步完成學習進度，就會追加一般的課程計畫。

這些案例顯示出新開發方法的可能性，就算功能沒有從一開始就完美，也能先發行產品，之後再改善。

後記
你的企業可以套用哪個破壞式創新？

我希望透過這本書，讓讀者感受到現代科技與以前有多麼不同，而且變化得比想像中還快、更自由。

從頭思考要做什麼時，一定很辛苦。若本書介紹的案例，能因此讓各位浮現意想不到的點子，像是「或許那個商業模式可以應用」、「只要跟某家公司一起做，或許就能成功」，我會非常開心。

我們先簡單複習各章解說的內容：

第一章：讓顧客愉快；企業站在平臺管理人的立場，想出讓使用者盡興的環境；消費模式改成以人為中心，而非實物。

第二章：企業與使用者建立友好關係。

第三章：空檔時間就能看完短影片，刺激使用者消費。

第四章：二十四小時媒合商務，解決店家和使用者的需求。透過有吸引力的訂金設計來刺激使用者消費。

第五章：信用評分、外部合作。

第六章：消除線上和線下的界線，整合接觸點和數位資料。

第七章：標價不死守定價，讓使用者感受到 CP 值和便利性。

第八章：小公司聚集起來並共享資訊，以解決問題。

第九章：科技平等化；活用手機、平板等工具，除了降低成本之外，還能獲得勞動力。

第十章：從軟體製造差異。

這樣看下來，就會發現本書的觀點和其他的商管書不同。

例如書中提到，許多公司的櫃臺系統有革命性的變化，人工櫃檯變成平板電腦，只要刷QR Code即可，幾乎零成本。這項變化源於大家隨時攜帶手機等高功能裝置。

最近半導體的新聞很多，其背景因素是通訊技術發達，每個人都能隨時隨地上網，不過現在高速通訊的5G通訊，基本上只能用到手機（平板電腦、電腦）的程度。這是因為要將CPU、5G和其他由多個半導體組合的東西小型化（採用小晶片〔chiplet〕設計），至少也需要一千萬個單位的生產批次。

只有智慧型手機相關的東西能消耗這些製造量。其實，要是家電或其他東西也可以小型化，就能統統連上網路，更急遽的時代變革將會來臨。

比如想製造前所未有的「最佳冷氣」。企業真正想要的資訊是使用者本身需要的是什麼，哪裡覺得不方便。要怎麼知道這一點，比產品本身的規格還重要。從使用者身上獲得資訊後，或許企業便會綜合其他家電，提出變更電費的計畫，開創賺錢的新商業模式。

日本家族企業的車輛半導體也一樣，今後只要將生產批次集中管理，就可以拿掉擷取訊號用的增幅器，消除雜音，也不需要連接的電纜線束。小型化就不用說了，還能大幅砍掉成本，個個都藉由 5G 通訊開創新生意，世界便會變得與現在完全不同。

我相信只要不被過去的價值觀限制，並關注不同的業界或其他國家，找出作為橋梁的人，理解彼此，就能擴展商務的可能性。因為現在的商業情境，並不是將自我評估八十五分的產品提高到九十分才會賣，找網紅宣傳八十五分的產品，遠比前者賣得還要好。

我有一家即將迎向創業百年的傳統工藝人偶店，製造和販賣雛人偶之類的產品。人偶店採用數位設計和數位行銷，從三年前開始，就不只零售，還從事製造和批發。最近大型百貨公司、量販店，也會採購敝公司的產品。

雖然這是傳統工藝店，卻沒有拘泥於傳統的一面，而透過彈性思考，從所有的觀點思考可能性，像是提供替人偶藝術家製作 SNS 頭像等服務，而非只販售實物產品。

「因為以前就這樣規定，所以不能改變」，很多人都有這種認知，所以什麼事都沒辦法做，實在很可惜。

印度有種姓制度，每個身分的職業是固定的，但在開創制度時，IT之類的職業並不存在於世界上，不在種姓制度之內，所以拚命努力的人很多，開始以IT國度的威名響徹天下。

這種新組合不只是人，資訊單位也一樣，經AI整合並分析，讓世界正處於改變以往遊戲規則的時代。

請憑藉你獨有的想法，打開這道機會之門吧。

國家圖書館出版品預行編目（CIP）資料

GAFA 都怕的破壞式創新：比別人晚、比別人慢，怎麼修改別人的商業模式，別人養大市場、你收割利潤？／成嶋祐介著；李友君譯. -- 初版. -- 臺北市：大是文化有限公司，2024.10
272 面；14.8×21 公分.--（Biz；466）
譯自：GAFA も学ぶ！最先端のテック企業はいま何をしているのか
ISBN 978-626-7448-99-1（平裝）

1. CST：企業經營　2. CST：企業管理

494.1　113010319

Biz 466

GAFA 都怕的破壞式創新

比別人晚、比別人慢，怎麼修改別人的商業模式，別人養大市場、你收割利潤？

作　　者／成嶋祐介
譯　　者／李友君
責任編輯／陳竑悳
校對編輯／楊明玉
副總編輯／顏惠君
總 編 輯／吳依瑋
發 行 人／徐仲秋
會計部｜主辦會計／許鳳雪、助理／李秀娟
版權部｜經理／郝麗珍、主任／劉宗德
行銷業務部｜業務經理／留婉茹、行銷企劃／黃于晴、專員／馬絮盈
助理／連玉、林祐豐
行銷、業務與網路書店總監／林裕安
總 經 理／陳絜吾

出 版 者／大是文化有限公司
臺北市 100 衡陽路 7 號 8 樓
編輯部電話：（02）23757911
購書相關資訊請洽：（02）23757911 分機 122
24 小時讀者服務傳真：（02）23756999
讀者服務 E-mail：dscsms28@gmail.com
郵政劃撥帳號：19983366　戶名：大是文化有限公司

法律顧問／永然聯合法律事務所
香港發行／豐達出版發行有限公司
Rich Publishing & Distribution Ltd
香港柴灣永泰道 70 號柴灣工業城第 2 期 1805 室
Unit 1805, Ph.2, Chai Wan Ind City, 70 Wing Tai Rd, Chai Wan, Hong Kong
Tel：21726513　Fax：21724355
E-mail：cary@subseasy.com.hk

封面設計／孫永芳　內頁排版／邱介惠　印刷／鴻霖印刷傳媒股份有限公司
出版日期／2024年10月初版
定　　價／新臺幣 420 元
I S B N ／ 978-626-7448-99-1
電子書 ISBN ／ 9786267448977（PDF）
9786267448984（EPUB）